Liminal Travel
계 절 문 턱 여 행

작가의 말

김우람 (1986년생, 기혼)

'Just There'사진집 출판
(2017, 독립출판)

@nomadhaus

한 때 하천생태를 연구했습니다. 정부출연기관에 몸 담았다가 토목 엔지니어링 회사를 거쳐 공공기관에 근무 중 이 때다 싶어 일을 관두고 긴 여행을 다녀왔습니다.

직장생활은 성실했고 지각인생을 살고 있습니다. 최신 노래는 꼭 철이 지나야 좋아집니다. 여행 책이 한물가고 여행 유튜버가 뜨는 시대에 살지만 글을 읽고 종잇장 넘기는 행위를 더 좋아합니다.

적당주의자입니다. 적당히 일하고 부지런히 도망 다니며 운 좋게 살아왔습니다. 책도 적당히 만들고 싶었는데 저지르고 보니 1년이 걸렸습니다. 이제 운이 다한 거 같습니다. 악착같이 살아야겠습니다.

Prologue

쌓인 눈이 녹아 얼은 땅에 스미고 새순이 돋을 무렵 베를린에서 아일랜드까지 긴 여행을 다녀왔습니다.
뒤늦은 겨울에서 때 이른 봄 어디쯤에 머무른 모호한 계절은 방향성을 상실한 우리의 모습과 서로 닮아 있었습니다.
두 계절의 사이에서 여섯 나라, 열여섯 개의 도시를 떠나오며 이전에는 미처 느끼지 못했던 감정들과 소중한 순간들을 여든세 차례의 일기와 만여 장의 사진으로 기록해서 돌아왔습니다.

일상을 떠나 여행의 문턱에 처음 발을 디뎠을 때 서툴렀던 감정과 태도가 아직도 선명합니다.
베를린의 겨울 끝자락을 지나 토스카나의 따가운 햇살이 비칠 무렵쯤에야 어깨를 열고 곧게 편 허리로 여행자의 마음을 갖췄습니다.
프로방스의 바람을 헤쳐 나와 아일랜드의 거대한 땅과 마주한 순간의 벅찼던 마음, 짓궂은 날씨로 우울했던 마음 모두 소중한 감정들이었습니다. 경험하지 않았다면 평생 모르고 지냈을 순간들을 여행했습니다.

돌이켜보니 번져가는 계절을 표류했습니다. 그 길었던 여정을 사진과 문장으로 엮어 여행자의 마음을 담았습니다.

이제 문턱 끝자락에 서서 새로운 일상을 맞이할 준비를 마쳤습니다. 이 책을 펴냄으로 문 너머 세상과 조우합니다.
여행이 불확실한 길에 대한 해답이 될 수는 없지만 가지 않은 길에 대한 용기를 갖게 해 준다고 믿고 있습니다.
사진 보는 즐거움과 여행의 다양한 감정이 함께 전해지길 바랍니다.

2023년 2월 김우람 드림

들어가기 전

이 책은 83일간에 유럽여행을 215장의 사진과 30화의 에세이로 엮었습니다.

사진집을 만들고 싶었습니다. 사진만으로 모든 감정을 전달할 만큼 대가는 아니지만 고집부려 봤습니다. 그럼에도 혹시 모를 독자분들의 호기심에 보탬을 드리고자 맨 뒤에 에세이를 모았습니다.

여행의 경험과 감정은 그동안 살아온 삶의 방향성, 가치관, 고민을 투영하고 있습니다. 그것들은 서로 엮일 수밖에 없는 불가결적 관계였습니다. 지극히 사적인 이야기들입니다. 이제는 누군가의 이야기가 될 수도 있겠습니다.

표류하는 계절의 문턱을 넘었다.

Germany
Berlin

세상엔 다양한 삶의 방식, 아름다운 것들이 너무나 많다. 그것들을 나만의 시선과 언어로 여행 이야기를 하고 싶은 꿈을 가졌다.

"우리가 세계여행을 가게 되면 베를린에서 시작하자"

틈만 나면 베를린 노래를 불렀다. 그 많은 도시 중에 왜 베를린이었을까.

10년 전 한 달 남짓 혼자 떠난 베를린에서 느낀 감정은 다른 도시를 여행할 때와는 무언가 달랐다. 그때는 그게 어떤 느낌인지 모른채 흐릿한 기억을 남기고 돌아왔다.

다시 한번 베를린에 갈 수 있다면 그때의 느낌을 문장과 사진으로 뚜렷하게 새길 거라 다짐했다. 이제는 혼자가 아닌 둘이서 여행의 감정을 나눌 수 있다.

10년 전 기억을 이 도시는 여전히 간직하고 있다. 하지만 아직 가지 않은 겨울의 추위와 코로나 팬데믹, 러시아의 우크라이나 침공으로 인해 10년 전에 비해서 도시는 움츠러들어있었고 강풍을 동반한 잦은 비는 도시를 잿빛으로 물들였다.

긴 여행의 문턱 위에 놓인 우리의 마음도 바짝 얼어붙었지만 도시 곳곳을 걸어 다니며 시시콜콜한 일상을 즐겼다.

SAT 15 FEB
AUDIO IS GUILTY
FOOLIK
DEKAI
ARENACLUB

ГОСПОДИ! ПОМОГИ МНЕ ВЫЖИТЬ
TRY VRUBEL
TORIA TIMOFEEVA
LIVEJOURNAL.COM
СРЕДИ ЭТОЙ СМЕРТНОЙ
MEIN GOTT. HILF MIR. DIESE TÖDLICHE LIEBE ZU LEBEN

STOP
RACIAL
PROFILING!

ANSTALT.
dim
LADENCAFÉ

MINDSPACE

Ende

Mo–Fr
9–15h
Bleibtreustraße
Exotische Früchte
Mandalina

Gebrauchsanleitung
Trockner · Trockenzeit 15 min.
Achtung
Dieser Laden wird videoüberwacht
27
28
29
30
UNVOLL
ENDETE
METRO
POLE
STÄDTEBAU
FÜR GROSS-BERLIN
INTERNATIONALER WETTBEWERB
BERLIN-BRANDENBURG 2020
01.OKTOBER
BEHRENSBAU OBERSCHÖNEWEIDE
unvollendete-metropole.de

VIRTUAL SCULPTURE
NATIVE TONGUE XR

10
10

LEDLENSER
TITALIUM™
Stark | Leicht | Innovativ

paßt
immer!
kwb
Hammerbohrer SUPER
metabo
tesa film
Alu Konsolen
100 x 125
125 x 150
150 x 175
175 x 200
200 x 250
250 x 300
300 x 350
350 x 400
400 x 450
450 x 500

Czech & Austria

Praha
Vien & Graz

프라하로 떠나는 기차 안, 창 밖 넓게 펼쳐진 초원을 바라봤다. 한가롭고 적적한 기분. 지금쯤 평행우주 어딘가 회사에서 허덕이고 있을 또 다른 나를 상상하니 순간에 감사함이 몰려온다. 지금 우리는 훌쩍 떠나가고 있다.

도시의 건물들, 거리의 사람들을 이방인의 시선으로 바라봤다. 그동안 불투명하게 다가왔던 감정들이 선명하게 느껴진다.

3월 어느 날 아침, 눈이 펑펑 내렸다. 빨간 지붕은 하얀 눈으로 덮였고 모든 소리는 내리는 눈에 묻혀 낮게 울려 퍼진다.

느리고 조용한 시간, 이곳에 두 발을 딛고 서 있는 시간이 가만히 느껴졌다. 어둑한 하늘 아래 가로등 불빛이 도시를 밝히고 지붕에는 그늘이 드리웠다. 도시의 명암이 선명히 드러나자 아름다운 프라하의 밤이 그려진다.

8355
40
P

SPACE BAR

ANIČKA
VODVÁŘKOVÁ
*1914 †1938
JOSEF VODIČKA

PRAHA

Hollar
1917 2017
Axmann

HANDS OFF UKRAINE, PUTIN!
BĚŽ DOMŮ, IVANE

HERMITAGE

let's
CASH ONLY

RODNÍ

Roberto

POETRY

22
8372

NAŠE STRANA

爱大手恨
诚重
WWW.VACLAVHAVEL.C
VÁLKA JE VŮL
由香港
OM TO
G KONG
Meet
LENNON WALL
DRACOSA
M+A 8.3.2022
METTE
8/3/22
PEACE

6
7

CIRKUS
JUMBO
JUMBO
CIRKUS
VÝCHOD

La Trappe
TRAPPIST
Heineken
BROT & SPIELE
Welcome
noël
noël
café · bar
nigthclub

A1

PUNTIGAMER
CHEERS
CHEERS

WATZIK

Italy
Venezia
Firenze
Genova

언제쯤이었을까 차창 밖 오르내리는 언덕 위 넓은 초원과 숲 사이에 외딴집이 있는 풍경을 보곤 당장이라도 내려 그곳으로 가고 싶던 적이 있었다. 지금 이곳에서 그렇게 기대하던 풍경 속을 걷고 있다.

분홍빛 벚꽃이 봄의 첫 소식을 알렸다. 차례로 나무와 들풀들이 움을 틔우고 그 사이로 길게 뻗은 오솔길을 따라나섰다. 산 가장자리를 벗어나니 넓은 들판이 반겨준다.

이곳에 머물지 않았다면 이토록 값진 시간을 보낼 수 있었을까.

"경험하지 않으면 평생 몰라"

여행은 양자역학 같다. 관찰하기 전까진 결과를 알 수 없다. 무수한 갈림길 가운데 하나를 선택하는 순간, 그것에 상응하는 경험을 하게 된다. 선택하기 전까지는 평생 알 수 없다. 어쩌면 삶 자체가 그럴지도 모르겠다.

나는 지금 어떤 여행을 하고 있고 어디로 향해 가는 걸까. 그저 아름다운 여행을 하고 싶었던 걸까. 아니면 삶의 방향을 찾고 싶었던 걸까. 분명한 건 다양한 감정들을 느끼며 여기까지 왔고 아직 여정이 많이 남아있다.

HOTEL PRESIDENT
HOTEL

SERVITO
2.179
2.199

RIO
DE LA TORRE

I Nevodi

GONDOLA
GONDOLA

75

LE CANZONI
80 90

Pomodoro di Pachino

BANCA DI
EDITO COOPERATIVO
055
2322166
P

LAVA TU
QUANDO IL LAVAGGIO
E' TERMINATO ED IL
PROPRIETARIO
NON E' PRESENTE,
IL CLIENTE SUCESSIVO
E' AUTORIZZATO
A TOGLIERE GLI INDUMENTI
E METTERLI NELL'APPOSITA
CESTA E QUINDI
LAVARE ED ASCIUGARE
I PROPRI.
lavanderia automatica
LAVA TU
PERCHE' SCEGLIERCI:
LE NOSTRE LAVATRICI SONO DA 8 KG,
SOLIDE E ROBUSTE
FATTE PER DURARE NEL TEMPO
E GARANTIRE SEMPRE
LE MASSIME PRESTAZIONI
I NOSTRI PRODOTTI DETERGENTI SONO DI PRIMA
SCELTA
IL NOSTRO MOTTO E:
LA SODDISFAZIONE DEL CLIENTE VIENE
PRIMA DI OGNI PROFITTO!
SIAMO SEMPRE A DISPOSIZIONE
ED INTERVENIAMO TEMPESTIVAMENTE IN CASO
DI PROBLEMI
GRAZIE PER AVERCI SCELTO
lavanderia automatica
LAVAGGIO
1 Inserisci i gettoni
2 Scegli la temperatura
3 Premi start

South France

Nice
Arles
Saint-cannat
Bandol
Grasse

도시를 등지고 해가 저문다. 짙푸른 하늘이 붉게 물들기 시작했다. 이전과 이후 그 어디에서도 아를과 같은 하늘은 볼 수 없었다. 깊은 하늘을 찌르듯 퍼져가는 석양빛은 노란 들판과 나무를 새빨갛게 비췄다. 마치 타들어가는 것만 같다. 아니 타오르는 것이 분명했다. 우리는 타오르는 아를의 하늘을 진심으로 사랑했다.

어쩌면 석양에 비친 아몬드 나무, 사이프러스, 노란 들판에 그도 매료되어 이곳에 머무르지 않았을까. 이제 그가 무엇을 말하고 싶었는지 알 것 만 같다.

여행은 무수한 갈림길 가운데 두려움을 마주하고 현재에 가치를 둔 선택이다. 용기 있는 선택은 이곳 아를로 우리를 이끌었고 그 보상으로 흔들리는 노란 들판과 타오르는 하늘을 보았다. 우리는 지금 이 순간에 있다.

Café la nuit
CAFÉ VAN GOGH

EURO

Caisse

Fragonard
VISITE DE L'USINE

Olfactory Pyramid

BG-211-YW

visite gratuite
BG-221-YW

LE CLUB
VICTORI
CENTURY
Moulin de B
A VEN
04.93.36

30

INDIGO
P

Ireland

Dublin
Dingle
Clifden
Meenaduff

마을 뒷동산치곤 지나치게 컸다. 나무가 없어서일까. 육중한 속살이 드러난 산은 왜인지 더욱 크게만 느껴졌다. 그 산을 향해 길을 따라 깊숙이 들어갔다. 거미줄처럼 퍼져 흐르는 물길에 길이 끊겼다. 더 이상 사람이 다니는 길은 보이지 않는다. 질척거리는 땅을 피해 밟기 좋은 땅을 찾아 발걸음을 이리저리 옮겼다. 폭포와 바위들을 이정표 삼아 대자연 속으로 더 깊이 들어갔다.

다시 지금의 우리를 돌아봤다. 오랫동안 꿈꿔오던 여행을 실현 중이다. 이 여행은 삶과 분리되지 않았다. 일상의 연장선을 이어서 다양한 사람들의 살아가는 방식을 보면서 여기까지 왔다. 모든 것들이 방안에만 있으면 평생 몰랐을 수많은 감정과 자극이었다. 그 안에 몸을 맡기며 스스로를 돌보고 사랑하는 법을 배워가고 있다.

DINGLE BAY HOTEL
PAUDIE'S BA
JAMESON
J

MURPHYS
MURPHY'S

BREAKFASt
MEATS FROM 'MORANS'
BreakfastRolls
BaconRolls
SausageonaRoll
EggsonaRoll
PuddingonaRoll
TAYTO SAMBOS
Beef Burgers
ChickenBurgers
ChickenGoujons
ChickenWraps

HEAD & STOMACH
PILLS
LOWRY'S BAR
CLIFDEN
WILLS'S
CAPSTAN
CIGARETTES

SMOKE

DESMAR
15
PHONE

SEAFIELD
TERRACE

DSI

94

MILESTONES

M&S

겨울에서 봄,
베를린에서 아일랜드까지

2. ~ 5.2022.

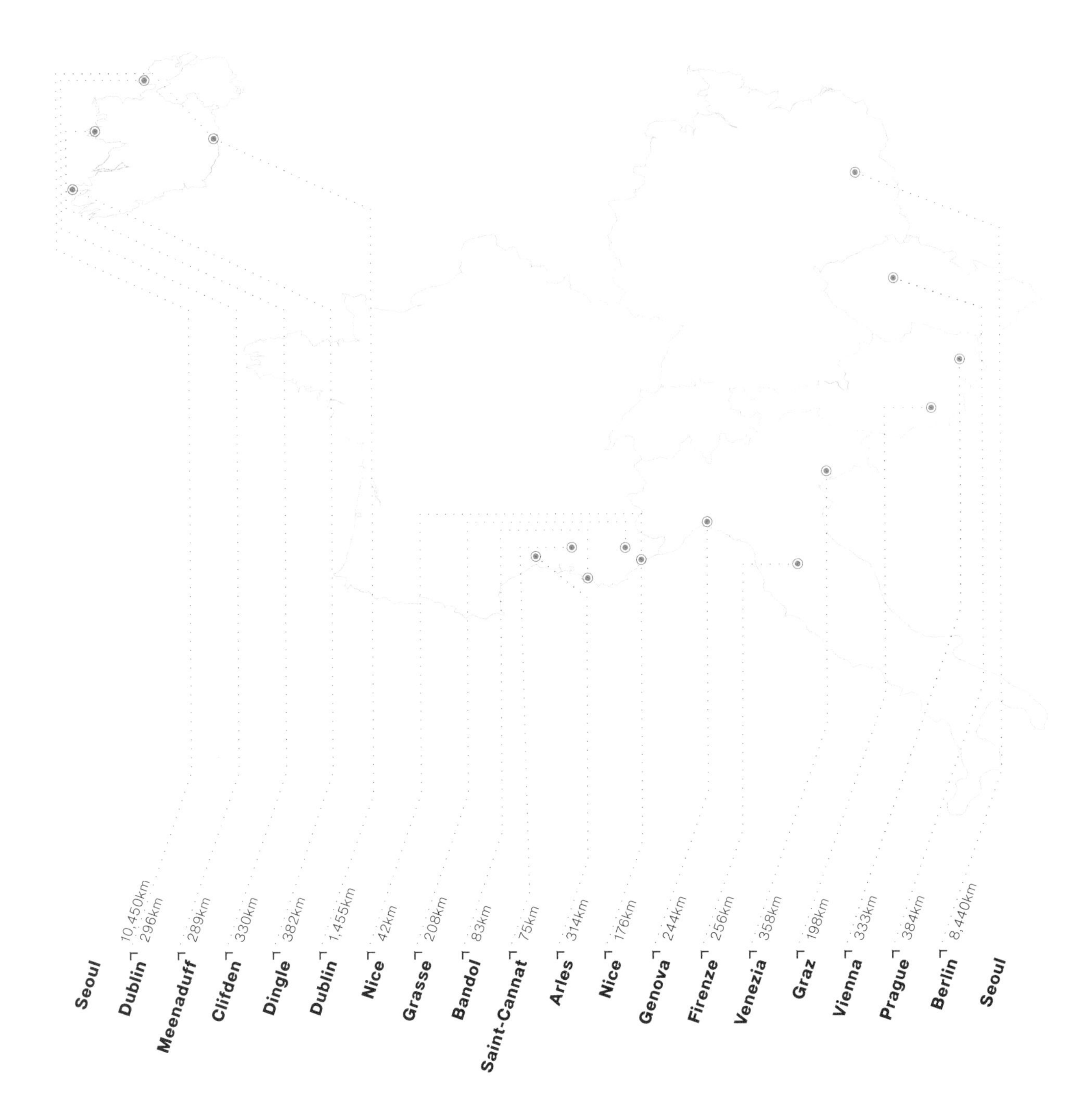
Seoul
10,450km
Dublin
296km
Meenaduff
289km
Clifden
330km
Dingle
382km
Dublin
1,455km
Nice
42km
Grasse
208km
Bandol
83km
Saint-Cannat
75km
Arles
314km
Nice
176km
Genova
244km
Firenze
256km
Venezia
358km
Graz
198km
Vienna
333km
Prague
384km
Berlin
8,440km
Seoul

Berlin

14.2. - 28.2.2022
p.009 - 032

여행의 시작

어린 시절 내 세상은 가파른 비탈길 좁은 골목 동네가 전부였다. 초등학교에서 친구를 사귀면서 옆 동네를 지나 도시에서 도시로 영역을 넓혔다. 길을 잃어 지나가는 아저씨에게 울먹이며 길을 물었던 기억이 난다. 동전이 없어 공중전화 긴급통화로 엄마한테 전화했던 적도 있다. 그렇게까지 헤매가며 가본 적 없던 길을 가는 이유는 뭐였을까. 아마도 우리 동네에는 없던 재밌는 무언가 있던 것 같다.

그때의 경험이 우리가 여행하는 이유를 설명하는 건 아닐까. 높은 곳에서 용감하게 뛰어내린 기억. 미지의 영역에 한 발짝 앞으로 나섰을 때 두근거림. 새로운 것을 마주했을 때 느끼는 벅찬 감정까지. 모든 것들이 다음날 친구들에게 자랑할 모험담이었다.

할 줄 아는 게 많아지고 배움이 깊어질수록 세상은 더 크게 다가왔다. 조경을 공부하면서 자연스럽게 산과 강을 다닐 기회가 많았다. 식물, 풍경을 사진으로 찍고 보는 것이 즐거웠다. 졸업 후 생태의 다양성, 자연의 순환과 균형을 연구한 덕분에 자연과 공존하는 삶의 태도를 갖췄다.

세상엔 다양한 삶의 방식, 아름다운 것들이 너무나 많다. 그것들을 나만의 시선과 언어로 여행 이야기를 하고 싶은 꿈을 가졌다. 10년이 지나 결혼을 하고 직장을 다니며 평범한 일상이 주는 행복을 얻었지만 세계여행은 늘 가까이에 품고 있었다. 어렸을 적 동네 밖을 나왔을 때처럼 일상의 문턱을 넘어 내 세상을 조금 더 넓히고 싶다. 두 번 없을 후회 없는 선택을 하자. 가본 적 없는 길은 잃을 길도 없다.

"우리가 세계여행을 가게 되면 베를린에서 시작하자"

세계여행을 꿈꾸던 나는 틈만 나면 베를린 노래를 불렀다. 그 많은 도시 중에 왜 베를린이었을까.
10년 전 한 달 남짓 혼자 떠난 베를린에서 느낀 감정은 다른 도시를 여행할 때와는 무언가 달랐다. 그때는 그게 어떤 느낌인지 모른채 흐릿한 기억을 남기고 돌아왔다. 다시 한번 베를린에 갈 수 있다면 그때의 느낌을 문장과 사진으로 뚜렷하게 새길 거라 다짐했다. 이제는 혼자가 아닌 둘이서 여행의 감정을 나눌 수 있다.

베를린은 도시 그 자체로 성숙한 태도가 녹아있다. 전쟁의 역사를 덮어두지 않고 베를린 장벽, 체크포인트 찰리 등 역사적 흔적들을 도시 곳곳에 드러내 성찰의 메시지를 남겨놨다. 도시는 보행로, 자전거도로, 차도가 최소한의 시설로 명료하게 구분되어 순서대로 안전을 중요하게 여기고 있음이 느껴진다. 대지의 위아래로는 S-bahn과 U-bahn이 교차하고 수직, 수평으로 얽히고 짜여 구조적인 도시의 틀을 이뤘다. 너무나도 정교하게 설계된 도시구조로 인해 도시의 인상은 경직되었을 것 같지만 그 틀 안에 들어가면 흥미로운 경험을 할 수 있다. 벽의 빈 공간을 두고 볼 수 없는 낙서들, 약간의 위험이 동반된 어린이 놀이터, 도시경관을 위해 절제된 안전펜스 등 개인의 책임이 녹아든 사회적 규범 안에서 시민의 자유와 다양성을 존중하고 변화의 한편을 남겨둔 유연함을 가졌다.

10년 전 기억을 이 도시는 여전히 간직하고 있다. 하지만 아직 가지 않은 겨울의 추위와 코로나 팬데믹, 러시아의 우크라이나 침공으로 인해 도시는 움츠러들어있었고 강풍을 동반한 잦은 비는 도시를 잿빛으로 물들였다.

긴 여행의 문턱 위에 놓인 우리의 마음도 바짝 얼어붙었지만 도시 곳곳을 걸어 다니며 보통의 일상을 즐겼다. 공원에는 한가로이 반려동물과 산책하는 사람들이 모여있다. 마트, 카페, 공공장소 어느 곳도 예외 없이 반려동물과 함께 다니는 모습을 쉽게 볼 수 있어 좋았다. 비록 옷깃을 여미고 어깨에 힘은 바짝 들었지만 베를린의 일상을 걸으니 마음만은 사르르 녹는 것만 같다. 벤치에 앉아 딱딱한 빵을 뜯으며 여행의 맛을 느끼고 서서히 감정을 풀어갔다.

낯선 사람들, 다른 언어, 이질적인 도시, 모든 것들이 비일상적인 환경 속에서 길을 걷고 장을 보며 일상을 여행했지만 과거와 달리 여행의 기쁨에 둔감해진 것일까. 트램이 지나가는 거리의 풍경, 낙서로 가득한 도시의 얼굴들을 봐도 더 이상 새롭지 않다. 아무런 감정이 느껴지지 않고 무덤하다. 당황스럽다. 적지 않은 나이에 많은 것을 감수하고 도망치듯 떠나온 여행이라 그럴까, 그동안 나이가 들어서 감정이 무뎌진 탓일까. 여러 가지 복합적인 이유가 있겠지만 아마도 감정이 열리기 위해서는 시간이 필요한 것 같다.
오래 숙성된 와인과 위스키가 고유의 맛과 향이 열리려면 공간과 시간이 필요한 것처럼.

마음의 공간이 가득 차 외부의 자극을 받아들일 여유가 부족한 것 같다. 이제 오래 묵혀뒀던 생각들을 덜어내자. 성숙한 만큼 깊어진 감정의 스펙트럼을 천천히 열어가자고 스스로 위로했다.

어제는 조금 쌀쌀한 거리를 걷다가 길거리 볶음국수를 사서 벤치에 서로 바짝 붙어 앉아 포크 하나로 지수와 나눠먹었다. 바닥까지 싹싹 긁어먹고 나니 이제야 여행 온 것 같은 느낌이 들기 시작한다. 지수는 옆에서 나지막이 얘기해 줬다.

"때로는 예상치 못한 곳이 여행의 트리거가 될 수 있어"

베를린 과일가게

베를린만의 과일 진열방식은 재밌다. 여러 도시를 다녀 봤지만 그 어떤 곳도 이들의 특별함은 넘을 수 없었다.

소비자가 모든 과일을 한눈에 볼 수 있도록 과일상자를 눈높이에서부터 비스듬히 기울여 허리선으로 내려오면서 점차 완만하게 놓았다. 다양한 과일들이 가지런히 정렬된 모습을 보면 고르는 재미뿐만 아니라 보는 즐거움마저 느껴진다. 심지어 이런 진열 방식은 베를린 시내를 걷다 보면 어디에서나 쉽고 흔하게 볼 수 있다.

틈나는 대로 과일가게에 집중했다. 2년 만에 만지는 카메라는 낡았고 셔터를 누르는 건 어색하기만 하다. 낯선 환경에 움츠러든 마음을 풀기 위해 과일 진열대를 찍으며 차근차근 사진 찍는 재미를 찾았다. 잊고 있던 감각들이 서서히 일어나는 기분이 든다. 잘 정돈된 과일 진열장은 10년 전 그대로였다. 베를린 과일가게처럼 여전함, 한결같음을 유지하는 것만큼 멋진 일도 없는 것 같다.

왜 나는 사진이 좋을까. 디지털카메라가 대중화되면서 가장 낮은 진입장벽을 가진 예술행위라 그럴까. 사실에 가까운 허구, 정지화상이 가지고 있는 순간을 담는 힘에 매료된 걸까. 시작은 조경을 공부하면서 꽃, 식물 등 자연환경을 찍으면서부터였다. 잘 정돈된 정형적 구조 안에 담긴 비정형적 대상은 매력적으로 다가왔다. 사진이 좋아 꾸준히 놓지 않고 있지만 그렇다고 진지하게 사진업에 뛰어들 자신은 없다. 좋아하는 것이 본업이 되면 싫어질 것 만 같다. 사실 실력이 받쳐주면 대수롭지 않은 일이지만 그렇다고 정규 교육을 받을 노력은 하지 않는다. 어쩌면 나는 '예술을 하고 있을지도 모른다'라는 가능성에 중독된 상태일지도 모른다.

20년 전쯤 비보잉 댄스가 유행하던 시절이 있었다. 그때 나는 중학교 2학년이었고 비보이 댄서가 될 가능성이 무한한 친구 W를 조롱한 적이 있다.

매 년 열리는 학예회, 전교생이 모인 가운데 무대에 두 사람이 올랐다. 실력과 재능이 출중했던 L과 실력도 재능도 보이지 않던 W. W는 우스꽝스러운 춤 동작과 함께 호응을 유도하는 동작만 남발했다. 그 꼴이 보기 싫었던 나는 야유와 조롱을 섞어 날렸다. 그 당시 나는 무대 밖 군중 속 어린 소년이었고 무지성적으로 날린 비난은 W에게 닿지 않았다. 그날의 일은 내 머릿속에만 남은 채 잊혔다.

그 뒤로 10년이 지났고 어린 소년은 대학원생이 되어 연구실에 좀비 마냥 살았다. 그때부터 사진가가 될지도 모른다는 가능성에 중독된 삶을 살았다. 여느 때와 다름없던 연구실의 밤, TV에서 스쳐가듯 봤던 어느 건축가의 작품이 다시 보고 싶었다. 머릿속을 헤집으며 가장 근접한 키워드를 찾아 구글링 했다. 이미지 검색 결과, 나오라는 집은 나오지 않고 웬 인물 사진만 나온다. [OOO발레리노, OOO극 주인공 발탁] ...어디서 봤더라 곰곰이 생각해 보니 중학교 때 동창 비보이를 꿈꾸던 W였다. 한대 얻어맞은 것처럼 머릿속이 멍해졌다. 정신을 차리고 나니 뒤늦게 부끄러움이 밀려왔다.

나를 비롯한 전교생의 야유를 받던 W는 자신의 가능성을 믿고 춤의 길을 조용히 걷고 있었다. 그동안 얼마만큼에 고민과 갈등이 있었을까, 내심 짐작해 봤다. L에 대한 열등감이 있진 않았을까. 자신의 미래에 대한 의심이 있진 않았을까. 설령 그 어떤 좌절을 느끼지 않았을 수도 있다. 중요한 건 W는 가능성에 그치지 않았고 조용히 아주 오랫동안 자신이 좋아하는 길을 걸었다는 것이다.

그 결과는 아주 예상치 못한 순간, 불 꺼진 연구실에서 마우스를 클릭하던 가여운 대학원생의 모니터로 불현듯 찾아왔다.

무대 밖에서 조롱을 퍼붓던 중학생은 연구실 구석 대학원생이 되었고 구령대 무대 위 자신감만 충만했던 댄서는 연극무대 위 발레리노가 됐다. 그날 나는 좋아하는 것을 좋아한다고 말할 수 있는 용기, 포기하지 않는 끈질김을 배웠다. 이것이 W가 내게 준 커다란 가르침이고 복수였다. 심지어 그는 이제 나란 존재는 알지도 못한다. 지금 생각해도 이보다 통쾌하게 아팠던 적이 없다.

여전히 나는 가능성에 머물러있는 우물 안 여행사진가로 과일가게 앞에 서있다. 다만 이제는 좋아하는 것을 타인과 공유할 수 있는 용기와 거절당하더라도 꿋꿋이 앞으로 나갈 수 있는 힘을 갖고 있다. 그리고 여전히 남아있는 게으름이 이 여행을 이끌고 있다.

런쥬리 살롱

2월 중순 이곳의 날씨는 -4도에서 4도를 오르내리고 연이은 강풍과 폭우가 몰아친다. 창 밖 너머에는 혼란스러운 계절감의 베를리너들이 보인다. 한 겨울인양 옷을 꽁꽁 싸매 입은 사람, 한 여름처럼 반팔만 입고 다니는 사람까지 제각기 자신의 계절에 따라 입고 다닌다.

이렇게 변덕스러운 계절과 짓궂은 날씨를 견디며 오랫동안 여행하기 위해서는 빨래는 피할 수 없는 숙제가 된다. 속옷과 양말은 손빨래해서 온열기에 널어 말린다 해도 몇 벌 안 되는 옷가지들을 빠르게 건조하려면 빨래방은 피할 수 없는 필수 여행지다.
빨래방은 보통 주거지 중심에 한 개씩 있어서 생각보다 흔하지 않다. 가방 한 짐 빨래를 가득 담고 우중충한 날씨 사이로 도심지 깊숙한 곳으로 길을 걸었다. 시시콜콜한 도시의 이야기가 여행객의 시선으로 흥미롭게 다가온다.

주택 외벽 낙서들은 빈틈없이 빼곡하다. 그 벽을 배경으로 이야기 나누는 사람, 산책하는 사람, 뛰는 사람, 자전거 타는 사람들이 저마다의 이야기를 만든다.
빨래가 돌아가는 동안 사람들은 주로 세탁기 위에 앉아 책을 읽는다. 어떤 아저씨는 고개를 푹 숙이고 게임을 한다. 지수는 그물 가방 뜨개질을 하면서 주변 사람들과 함께 공간에 녹아들었다. 일상과 밀접하게 닿아있는 공간의 풍경이 정겹다. 정제되지 않은 날 것의 시간, 낯선 환경에 소소한 순간들이 사랑스럽게 다가왔다.

베를린을 떠나는 날

잠이 들기 전 지수에게 투정 부렸다. 한 곳에 가만히 머물면서 시시각각 변하는 도시의 풍경을 감상하는 느린 여행을 하고 싶었는데 짓궂은 날씨 탓에 도시숲 사이를 쫓기듯 다녀서 여행의 재미를 온전히 느끼지 못해 스트레스받는다고. 그리고 앞으로 떠날 다른 도시도 똑같을까 봐 걱정이 앞선다고. 내가 강하게 주장해서 떠나온 여행인데 먼저 힘든 마음을 토로해 창피했다. 사실 모든 원인은 외부에 있지 않고 나 자신, 내부로부터 나온 것이라는 걸 너무 잘 알아서 더 창피하다. 정말 원하고 보고 느끼고 싶었던 게 무엇이었는지 생각조차 나지 않는다. 지금의 좋은 환경, 좋은 기회를 흘려보내는 것만 같았다.

하루는 기후변화 대응을 위한 TF팀으로 전 직장에 다시 복직하는 꿈을 꿨다. 도망치듯 나온 곳을 다시 들어가는 꿈을 꾸는 것을 보니 지금의 갈팡질팡하는 마음이 고스란히 반영된 것 같다. 결국 나는 지금 일을 하는 것도 여행하는 것도 아닌 기분이 들었다.

베를린의 온전한 마지막 하루가 왔다. 추위 탓으로 돌리고 싶은 쓸쓸한 감정을 남겨두고 떠나는 게 내심 아쉽기도 하다. 여행을 와서 무조건적인 벅찬 감정만을 바란 것은 아니었지만 그렇다고 이렇게까지 가라앉을 거라곤 생각 못했다.

마지막 하루는 다행히도 따뜻한 해가 떴다. 우리는 공원 한편 조용한 자리에 앉아 추운 공기, 차가운 소시지, 딱딱한 빵, 뭐 하나 완벽하지 않은 조합을 모아 천천히 여행의 맛을 음미했다.

베를린을 떠나는 날 우리는 좋은 기억 몇 가지와 우울한 감정을 남겨두고 떠난다. 지수는 웃으면서 다시 집으로 돌아가고 싶다고 말했다. 나 역시 같은 생각이 들어 마음이 흔들렸지만 돌아가는 비행기는 앞으로도 두 달도 넘게 남았다. 좋든 싫든 계속해서 앞으로 가야만 하는 건 다행일지 불행일지 모르겠다.

이 여행은 어떤 의미로 남을까.

러시아의 우크라이나 침공으로 국제 정세도 시시각각 변한다. 우리도 그 영향을 간접적으로 받으며 약간에 불확실성을 안고 마냥 즐겁지만은 않은 마라톤 같은 여행을 계속해야만 한다.

Praha

28.2. - 14.3.2022
p.033 - 070

눈 내리는 프라하

프라하로 떠나는 기차 안, 창 밖 넓게 펼쳐진 초원을 바라봤다. 한가롭고 적적한 기분. 지금쯤 평행우주 어딘가 회사에서 허덕이고 있을 또 다른 나를 상상하니 순간에 감사함이 몰려온다. 지금 우리는 훌쩍 떠나가고 있다.

프라하의 첫인상은 기대와는 달리 유쾌하지 않았다. 중앙역 트램 티켓부스는 돈만 삼키고 발권을 잊었다. 역무원에게 물어보니 본인 소관이 아니므로 이메일을 보내란다. 설령 메일을 보내더라도 한참을 기다려야 할게 뻔한 상황이라 에너지를 낭비하기 싫어 포기했다. 지불은 한순간이지만 환불은 한세월이다. 이런 비합리적인 상황을 겪고 나니 유럽에 있다는 사실이 실감 난다. 심지어 역무원을 통해 발권하면 수수료가 발생하는 기적의 경제학을 체험했다. 지역경제에 기여했다 셈 치자.

슬픈 일은 잔잔하게 오지 않고 한 번에 밀려오는 걸까. 어렵게 트램을 타고 숙소에 도착해 체크인했지만 예약 누락으로 거부당했다. 예약 확인서를 보여주며 여러 차례 항의했지만 늘 아쉬운 건 객의 입장이다. 평소 아무리 급한 일도 의연하고 침착하게 대처하던 내 모습은 사라지고 올라오는 화를 삭이느라 이러지도 저러지도 못하는 대책 없던 나 자신이 낯설었다. 지수가 침착하게 프런트에 예약 누락 확인서를 요청해서 발급받았다. 대행사 환불 절차를 밟기로 한 다음 가장 가까운 다른 호텔을 예약해서 급히 이동했다. 시작부터 멘탈이 탈탈 털렸다.

3월, 프라하에서 맞이하는 첫 아침. 기온은 -5도에서 9도, 날씨는 화창하고 좋다. 어제의 기억은 덮어두고 도시와 친해질 겸 거리를 걸었다. 아름다운 거리를 즐기기 위해 카메라도 내려놓고 가벼운 두 손으로 걸어본다. 찍고 싶은 건 많았지만 두 눈으로 보고 싶은 게 더 많았다. 시간은 많으니 무리하지 말고 천천히 다니자.
블타바강이 흐르는 프라하는 도시 자체가 하나의 거대한 미술관과 같다. 빨간 지붕 아래 화려한 건물에는 오랜 세월의 흔적이 묻어나는 조각들이 여전히 현역으로 활동하고 있다. 거리는 반듯이 잘 닦여있고 오랜 세월 발자취에 쓸려 맨질맨질해진 디딤돌들이 역사적 깊이를 말해준다.

프라하에 곳곳을 누비며 도시의 인상을 기록했다. 도시의 건물들, 거리의 사람들을 이방인의 시선으로 바라봤다. 그동안 불투명하게 다가왔던 감정들이 선명하게 느껴진다. 감탄, 기쁨, 흥분을 감출 줄 모르던 천둥벌거숭이 같던 어린 시절을 뒤로하고 이제는 여행의 감정이 잔잔하고 서서히 일렁였다. 바랐던 감정이었다. 천천히 오래오래.

올드타운 생활에 익숙해지기 시작했다. 트램의 진동은 건물을 통째로 흔들고 새벽 취객들의 고성방가와 적당한 소음으로 밤이 채워진다. 3월 어느 날 아침, 눈이 펑펑 내렸다. 빨간 지붕은 하얀 눈으로 덮였고 모든 소리는 내리는 눈에 묻혀 낮게 울려 퍼진다.

도시를 크게 돌아 고요한 일상을 걸었다. 따뜻한 봄을 기다리며 꽃을 활짝 피웠던 크로커스와 개나리는 때 아닌 눈 소식에 어리둥절했겠지만 계절의 경계선을 목격하는 이방인의 입장에선 즐거운 순간의 연속이다.

어느새 올드타운을 벗어나 현지인이 사는 동네 깊숙이 들어왔다. 중심에는 삶과 죽음의 경계선에 맞닿은 올샤니 공동묘지(Olsany cemetery)가 자리하고 있다.
이곳은 19세기 유럽의 조소 예술의 황금기를 간직한 거대한 묘지공원이자 미술관이다. 눈 쌓인 묘비의 고요한 침묵 속에서 죽음에 대한 그들의 태도와 삶의 흔적들에 귀를 기울였다. 거대한 깃털 펜을 쥐고 있는 여신의 조각상은 우아함과 역동성이 살아있다. 햇빛을 가리는 여인의 망토 위로 마치 생전의 업을 받쳐 올린 듯 소복이 눈이 쌓여간다.

"죽음은 산 사람의 몫 같아, 고인의 생을 기억하고 붙잡고 싶어서 묘를 남기는 게 아닐까" 지수에게 말했다.

예전부터 죽음에 대해 하나 다짐한 것이 있다. 슬픔은 산 사람의 것이지만 떠난 이의 빈자리에 남는 것이 슬픔뿐이라면 너무나 허무하지 않을까.

언젠가 미국 하와이의 뮤지션이자 독립운동가, 이즈라엘 카마카위우올레(Israel kamakawiwo'ole)의 오버 더 레인보우(Over the rainbow) 커버곡 뮤직비디오를 본 적 있다.
그 영상에는 이즈라엘 고향 주민들이 다 함께 바다로 나와 배를 띄우고 그의 유골을 바다로 흩뿌리며 잘 가라고 환호하는 모습이 담겨있다. 장례식이 하나의 축제가 될 수 있구나. 죽음 뒤에 반드시 슬픔만 있으리란 법이 없다는 것을 깨달았다.

나의 장례식은 함께 했던 이들이 전시장에 모여 좋았던 기억, 어처구니없던 사건들을 추억하는 놀이터가 됐으면 좋겠다. 당신들 덕분에 삶이 조금 더 풍요로워지고 즐거웠다고 이야기를 나누는 축제가 된다면 얼마나 좋을까 상상했다.

불현듯 죽음이 찾아온다면 그 찰나의 순간을 받아들일 수 있을까. '나 죽는구나. 그동안 즐거웠다. 후회 없는 삶을 살았어'라고 씨익 웃으며 입가에 옅은 미소를 남길 수 있을까. 나는 그러고 싶다. 유한한 생명이 주는 무한한 삶의 궤적 중 단 하나의 목표점이 있다면 최종과녁은 그곳을 향해있다. 상념에 빠져 침묵 속을 걸었다. 정적을 깨고 지수가 말했다.
"너 없으면 나는 어떻게 살지?", "내가 더 오래 살걸?"
"그것도 싫어", "그렇다면 순장...?!", "약속했다?"

나의 죽음은 이렇게 확정됐다.

프라하의 밤

긴 낮잠을 잤다. 트램이 오고 가는 진동소리가 울려 퍼지고 커튼 틈 사이로 적당한 빛이 새 나온다. 깨어보니 오후 5시.

정신을 차리고 근처 와인펍으로 향했다. 1층 펍에서 저녁을 해결하고 가게 안 지하로 내려갔다. 서로 다른 펍들이 개미굴 같이 좁은 통로로 연결돼 있다. 하나의 문으로 시작해 여러 공간들이 모여있는 재밌는 곳이다. 데낄라 몇 잔을 털어 넣고 적당히 오른 술기운을 압생트로 마무리했다.
오렌지색 텅스텐 불빛이 가득 찬 취한 밤거리로 나섰다. 기분 좋은 밤이다.

어느 해질 무렵 오후, 땅거미가 지기 전 처음으로 혼자 밖에 나왔다. 높게 성벽을 쌓아 올려 요새와 같은 교회, 비세라드(Vyserahd)에 올랐다. 성벽을 따라 발걸음을 옮길 때마다 시시각각 변하는 프라하의 도시 풍경을 볼 수 있다. 하늘로부터 도시를 떠 받치는 붉은 지붕을 좋아한다. 예술가들이 사랑한 도시, 프라하의 정체성은 붉은 지붕에서부터 나온 거라 확신한다.

도시가 잘 보이는 조용한 장소에 자리를 잡았다. 해 저무는 프라하의 인상을 오랫동안 지켜봤다. 느리고 조용한 시간, 이곳에 두 발을 딛고 서 있는 시간이 가만히 느껴졌다. 어둑한 하늘 아래 가로등 불빛이 도시를 밝히고 지붕에는 밤이 드리웠다. 도시의 명암이 서서히 드러나자 아름다운 프라하의 밤이 그려진다.

빛과 색채만이 가득한 단면적 아름다움을 추구한 때가 있었다. 좋은 것과 나쁜 것, 네 편 내 편, 승과 패, 선과 악 이분법적 구도가 가득한 만화에 길들여진 탓이었을까. 표면적 아름다움 뒤에 있는 어두운 이면을 부정적 요소로 학습해 왔고 의식적으로 피했다.

어린 시절 모든 이들과 친하게 지내고 적이 없다는 것에 자부심을 가진 적 있다. 성실한 친구, 불량한 친구 가릴 것 없이 원만하게 지내기 위해 집착에 가까울 정도로 밝은 면만 보여줬다. 탈 없는 다자간의 관계를 추구하다 보니 집단이 나를 잠식하고 스스로를 속이고 있다는 사실을 알아챘다. 싫은 걸 싫다고, 힘든걸 힘들다고 말 못 하고 타인의 요구를 거절하지 못하는 내 모습이 싫어 한 동안 자기혐오에 빠졌다.

미움받을 용기가 부족했다. 그만큼 나를 좋아해 주는 사람의 마음을 받을 자격도 없었다. 적이 생기는 것은 어찌 보면 지극히 당연한 일이다. 상대가 내 맘과 같을 수 없고 각자의 이해관계 안에서 타인에게 비치는 내 모습은 상대적일 수밖에 없다. 사람은 앞에는 거울을 메고 뒤에는 허물을 짊어지고 산다 했다. 상대를 통해 나를 보고 돌아서면 그 사람은 나의 허물을 본다. 중요한 건 상대에게 거짓된 행동을 하지 않고 내 감정에 솔직하고 바른 태도로 관계를 맺는 것이다.

타인으로부터 맹목적 미움을 받아 힘들었던 시절이 있다. P는 나를 통제하고 싶어 했고 자신의 우월함을 증명하기 위해 나를 거짓된 사람으로 만드는데 공을 들였다.

P와는 여러 집단을 공유할 수밖에 없는 업무적으로 강제적 관계였다. P는 자신의 일에는 방관하면서 오로지 나의 흠결만을 날조해 다른 이들에게 모함을 일삼았다.
그럴 때마다 "그런 말 할 친구 아닙니다", "그 일은 그렇게 판단한 게 맞습니다"라고 되려 주변 사람들이 나를 믿어줬다. 그 시절을 보내고 나서야 더 이상 적이 생기는 것을 겁내지 않았다.

당시 나는 대학원생이었고 생태하천을 공부하면서 생태는 서로 다른 개체들이 경쟁과 간섭을 끊임없이 반복하는 순환의 균형으로 이해했다. P의 지배욕구와 경쟁심리도 생태적 관점에선 지극히 원초적인 본능일지도 모르겠다.
1년이 넘도록 지속된 괴롭힘 속에서도 더욱 견고히 버티고 마음이 무너지지 않을 수 있었던 건 공부의 힘이 컸다. 특히 두 가지 용어, 타감작용(Allelopathy)과 보상성장(Compensatory growth)은 많은 위로가 됐다.

식물 혹은 미생물이 경쟁에서 이기기 위해 화학물질을 분비하여 다른 경쟁자들을 제거하는 성질(출처 : 나무위키)을 뜻하는 타감작용은 우리 일상에서도 쉽게 발견할 수 있다. 한 식물은 뿌리에서 다른 작물이 자라지 못하는 물질을 내뿜는데 이 식물이 자라면 한 해 농사가 망한다며 개망초라 부른다. 재밌는 건 같은 식물이 자기 중독에 걸려 자신마저 잘 못 자라게 하는 경우도 있다고 한다. 타인의 성장을 밟고 발아래 자양분삼아 생존하는 경쟁사회의 원초적 원리를 타감작용의 개념으로 설명이 가능했다.
P는 찌든 담배와 절은 믹스커피 냄새를 타감물질로 내뿜으며 타인의 흠결을 날조하고 만취 폭언을 일삼다 자기 중독에 빠진 존재였다. 그제야 막혔던 머리가 개운해졌다.

영양실조나 스트레스 등과 같은 외부요인에 의해 생물의 성장이 방해됐다가 그런 방해요인이 없어지고 나서 폭발적으로 다시 성장하는 보상성장(출처 : 나무위키)이란 희망적 개념이 있다. 이는 인간을 포함한 동식물에 적용되는데 이 용어를 처음 접했을 때 미소가 지어졌다. 나는 P로 인한 고통을 밑거름 삼아 폭발적으로 성장했다고 볼 수 있다. 권위자의 저서 서론에 얕은 정보만을 빌려 일시적 우위를 점하던 그를 이길 수 있었던 건 늘 1라운드를 얻어맞고 난 후 본론과 결론을 공부한 다음 논리로 제압했던 2라운드였다. 나의 반론에 허를 찔려 당황해 말을 더듬고 고압적 태도로 내 입을 막기 위해 애쓰던 P의 초라함이 지금도 생생하다. 그가 사라지고 나서 나는 타인을 이해하고 용서와 관용을 베풀 줄 아는 사람으로 성장했다.

봄비 내리는 숲 아래 야생화 군락은 커다란 나무가 울창해지기 전 부지런히 수수한 꽃들을 한가득 피운다. 하늘에 그늘이 드리우기 전 한껏 햇빛을 받아 꽃을 피우고 씨앗을 틔워 다음 세대를 퍼트리기 위한 그들만에 아름다운 생존전략이다. 소나무 아래 쌓인 솔잎을 뚫고 올라온 진달래는 가녀린 가지 끝에 흔들리는 분홍꽃을 피운다. 계절을 따라 숲은 차례로 잎이 나고 열매를 맺어 씨앗을 남긴다.
가지 사이로 찬바람이 일면 단풍을 물들여 낙엽을 쌓고 겨울을 난다. 그 이면에는 다양한 존재들이 치열하게 경쟁하고 성장하며 조화를 이루고 있다.
이처럼 생태계에는 입체적이고 구조적인 아름다움이 있다. 우리들도 다르지 않다.

사람들의 입체적인 모습에서 아름다움이 보이기 시작했다. 아무런 이해관계가 없는 사이는 좀처럼 안 좋기가 더 어렵다. 약간에 신세를 지면서 서로를 간섭하며 관계를 유지하다 보면 상대의 단점이 보이고 불편함을 느끼기 마련이다. 이 지점에서 상대와 나 사이에 이야기가 만들어진다. 상대의 말과 감정을 더 살피게 되고 내가 원하는 바를 더 잘 알게 된다. 마냥 좋으면 아무 일도 일어나지 않는다.

사람뿐만이 아니라 세상을 바라보는 관점도 마찬가지였다. 좋고 나쁨 이분법적으로 바라볼 수가 없다. 비가 오고 바람 부는 추운 날씨가 여행하기 나쁜 날씨만은 아니었다. 어두운 밤하늘 아래 가로등 불빛으로 도시에 명암이 생긴다. 그 길을 사람이 지나칠 때 우리는 이야기를 상상할 수 있다. 빨간 지붕에 가려진 그늘이 도시에 아름다움을 그린다. 늦은 밤 으슥한 길을 걷는 커플은 그들만에 영화를 찍는다. 서로 다른 것들이 한데 모여 찬연히 뒤섞이며 이룬 조화의 순간이었다.

돌아오는 길 중간에서 지수와 만났다. 프라하의 밤을 걸으며 오늘 보냈던 시간들에 대해 이야기 나눴다. 많은 것을 포기하고 여행을 선택해서 지금 여기에 있을 수 있는 건 행운이고 복 받은 거라 생각한다고. 짓궂은 날씨로 지친 몸과 감정들 덕분에 보다 더 다채롭고 아름다운 여행을 하고 있다고. 지수는 가만히 고개를 끄덕였다.

동트는 프라하

구름 한 점 없는 맑은 날, 짙은 새벽 동트는 프라하를 보기 위해 서둘러 밖에 나왔다. -4도 새벽 5시.

프라하 성으로 가는 길, 적막한 도시에는 소수의 사람들만이 거리를 거닌다. 깊은 밤은 예측할 수 없는 위험이 도사리고 있을 것 만 같아 무서웠다. 저만치 앞에 있는 사람이 나를 경계하며 걸음이 빨라지는 것 같은 느낌은 기분 탓일까. 순간, 둔탁한 카메라가 달린 삼각대를 어깨에 걸친 채 추위를 막기 위해 후드를 뒤집어쓰고 털레털레 걷는 내 모습이 의식됐고 이 시간에 가장 위험해 보이는 사람은 나였다.

오래된 골목길에 점차 빛이 들어오기 시작한다. 서둘러 발걸음을 재촉했다. 가쁜 숨을 몰아쉬며 정상에 오르니 빛이 차오르는 풍경 속에 새소리, 새벽 종소리가 가득하다. 지붕 곳곳에는 아침을 맞이하는 연기도 피어오른다.

도시를 비추는 빛을 감상하며 다시 한번 지금 주어진 시간에 감사함을 가졌다. 곰곰이 생각해보면 그동안 느꼈던 여행의 감정은 지금 내 나이, 이 시기에 느낄 수 있는 자연스러운 반응이 아닐까 싶다. 과거에는 들소 마냥 오직 앞만 보고 달려 기쁨과 아쉬운 감정을 있는 그대로 표현했다. 이제는 시야를 넓혀 주위를 살피며 걸어야 한다. 이 전엔 미처 알지 못했던 복합적인 감정들을 품고 간다. 평온함, 즐거움, 삶의 소중함, 그리운 사람들과 우리 집 그리고 약간의 우울함까지. 그 모든 감정들을 입체적으로 느낄 수 있는 시절이 왔다. 기쁘게 받아들이자.

북쪽 대초원에서 받은 위로

날씨는 맑고 쌀쌀, 여느 때와 다름없는 하루다. 가볍게 성 주변을 돌아 미술관 전시를 보고 돌아왔다. 18세기 ~ 19세기 프라하를 기반으로 활동한 작가들과 피카소, 폴 세잔, 클림트, 에곤 쉴레 등 시대를 대표하는 대가들을 비교하며 미술사의 흐름을 따라 작품들을 관람했다. 대가의 작품을 10cm 이내 거리에서 본다는 게 얼마나 큰 사치인지 감도 안 온다. 그 누구의 방해도 받지 않고 붓의 흐름을 하나하나 살펴봤다.

숙소로 돌아오니 온 집안에 냉기가 돈다. 보일러가 고장난 것같다. 이런 작은 변수에도 마음이 급속도로 힘들어진다. 편안한 집과 정든 사람들을 떠나 직업도 내려놓고 온전히 우리에게 집중하기 위해 여행을 왔는데 문제가 생길 때마다 쉽게 무너지는 자신을 목격하고 있다. 뜻대로 되지 않는 상황을 쉽게 받아들이질 못했다. 여행에서 오는 불편한 상황들을 어느 정도 각오는 했지만 이렇게까지 마음이 유연하지 못할 줄은 몰랐다.

지수는 침착하게 유튜브 검색을 통해 해결방법을 찾았다. 하지만 관리인이 올 때까지 기다리자 했고 나는 언제 올지 모를 관리인을 기다리며 추운 밤을 보낼 수 없었다. 결국 독단적으로 문제 해결에 나섰다가 다투고 말았다.

결과적으론 문제는 해결됐지만 몇 차례 감정싸움이 오고 갔다. 한동안 침묵이 흘렀다. 정적을 깨는 마지막 라운드, "나 보일러병이었잖아!" 이렇게 까지 말해야 하나 싶어 아껴왔던 출신을 어필했다. 빵 터졌다. 팽팽했던 긴장감이 허무하게 풀린다. 지수는 나를 나름 전문가로 인정하며 극적으로 화해했다.

하루는 알람도 끈 채 길게 잤다. 평소 여행지에서도 새벽 6시에 일어나던 스스로에 대한 긴장감을 조금 풀었다. 느긋한 아침을 보내고 오후에는 트램을 타고 북쪽 종착지로 향했다.

밀집된 도시를 빠져나와 한적한 교외지역으로 오니 마음이 편안해진다. 종점에는 작은 놀이동산이 시즌 준비에 한창이다. 요즘 우리나라에는 보기 드문 시설을 여기에서 보니 엄청 반갑다. 청룡열차, 바이킹 등 필요한 건 다 갖췄다.

놀이동산을 지나 조금 더 안쪽으로 들어서니 거대한 절벽이 서로 마주한 협곡이 나타났다. 예상할 수 없던 풍경에 감탄이 터져 나왔다. 그 아래에는 길게 뻗은 길이 평원과 숲을 지나 절벽으로 이어 올라 넓은 초원에 닿는다. 사람들은 넉넉한 거리를 두고 각자의 영역을 자리했다. 우리도 절벽 위 초원에 올라 가장자리 완만한 구릉지 풀밭에 앉았다. 맞은편에 보이는 이와 손짓으로 교감을 나눈다. 영화 같은 순간이다.

낭떠러지를 향해 발을 뻗고 너머에 도시를 바라봤다. 저 멀리 프라하가 엄지손톱만큼 작게 보인다. 도시의 아름다움에 피로감이 쌓였나 보다. 한가로이 앉아 시선을 덜어내니 긴장이 스륵 풀리고 평온함이 다가왔다. 바람에 귀가

먹먹하고 풀이 나부낀다. 엉덩이 아래 차가웠던 잔디에 온기가 채워졌다. 쫓기듯 떠나오며 미처 다독이지 못한 감정들을 돌아봤다. 목적지를 여행할 때 기쁨보다 기차표, 숙소 예약에도 실랑이를 벌이고 저녁식사로 고기를 먹냐 마냐로 부대끼던 사소한 일상들이 떠오른다. 그 모든 것들이 너무나 소중한 시간이었다. '원래 여행은 즐겁지만은 않아, 지쳤을 땐 그냥 쉬어. 뒤돌아보면 모두 다 소중하게 다가올 거야'라고 위로하는 것 만 같다.

프라하의 마지막 날, 빈으로 떠나는 당일까지 예약한 숙소는 연락이 닿지 않았다. 불확실함을 안고 떠나야만 하는 현실을 받아들이기 힘들다. 감정이 요동친다. 악 소리도 지르고 싶고 욕도 하고 화도 내고 싶었지만 화를 낼 대상이 없다. 사실 불편함은 감수하면 그만이고 숙소도 새로 잡으면 그만인데 지금 일어나는 감정은 어디로 향하는 걸까.

새로운 여정의 시작을 앞두고 북쪽 대초원을 다시 떠올렸다. 불확실성에 대한 불안한 마음과 미지의 영역에 대한 설렘을 동시에 안고 여행자의 마음으로 다니자.

Vien & Graz

14.3. - 18.3.2022
p.071 - 076

여행의 실루엣

우리는 남쪽으로 간다. 프라하에서 알프스를 넘어 이탈리아로 들어가는 여러 경로를 상의했다. 마음이 통했다. 하루라도 빨리 혹독한 동유럽의 추위를 벗어나자. 곧장 알프스를 넘어서 남쪽으로 내려간다. 이탈리아는 따뜻하겠지.

첫 번째 중간 기착지 빈에 도착했다. 숙소에 들어가니 개미가 들끓는다. 순간적으로 스트레스를 받았지만 이것도 여행의 일부로 받아들이자. 관리인에게 연락해 조치를 받고 해프닝으로 넘겼다. 카메라를 내려놓고 전시 관람에 집중해 몸과 마음에 쉼을 주기로 했다. 클림트를 포함한 요세프 호프만, 에곤 쉴레 등 1900년대 빈을 중심으로 활동한 유겐트스틸 예술집단의 전시를 찾았다. 당대 예술인들의 예술사조, 흐름을 따라 그들의 시선과 빛을 있는 그대로 감상하고 나니 감정이 잔잔히 물결친다.

이전에 느꼈던 여행의 감정과는 또 다른 새로운 자극이다. 여행 온 지 한 달 정도 지난 시점에 몸도 마음도 지쳐 여행을 왜 왔을까 회의감이 들기 시작했는데 이런 경험을 하기 위해 온 것 같다.

여행은 편하고 익숙한 감각에서 벗어나 조금 불편하고 낯선 환경에서 느껴지는 설렘만 있는 게 아니었다. 경험해 보지 못한 공간에 자신을 던지자 가라앉았던 감정이 차분히 일어나고 있었다. 완만한 언덕을 느긋하게 걷는 기분이다. 마주하는 모든 것들이 반갑다.

빈에 머물며 앞으로 우리 여행에서 움직일 수 없는 커다란 방향, 여행의 형태를 잡기 시작했다. 우선 가장 눈앞에 놓인 남쪽 나라 이탈리아의 베네치아로 가기 위해 (1) 기차로만 내려갈 수 있는 필라흐 경유행과 (2) 버스, 기차를 타고 내려갈 수 있는 그랏츠 경유행, 두 경로를 두고 무엇을 선택할 것 인지 상의했다. 나는 버스의 분실 위험을 피하고 이동시간 변수를 줄일 수 있는 필라흐 경유를 주장했고 지수는 그랏츠를 보고 싶어 했다. 거리, 차편, 숙소, 여행지 정보, 일정 등 다양한 조건들을 모아 합리적 결정을 하기로 했고 모든 정보들은 그랏츠를 가리켰다.

다음은 프랑스 여행의 큰 흐름을 잡았다. 처음 계획은 남쪽 니스에서 시작해서 북쪽 파리로 거슬러 올라 프랑스를 종단한 다음 아일랜드로 넘어가는 여행. 두 번째 대안은 온전히 프랑스 남부에 집중해서 니스로 원점회귀 후 아일랜드로 넘어가는 여행. 이 두 경로를 놓고 의견을 나눈 결과, 빈센트 반 고흐가 마지막 4년을 머물렀던 곳, 우리가 정말 가보고 싶었던 아를에 오랫동안 머물기 위해 프랑스 남부를 여행하기로 했다. 물론 조금 더 부지런히 움직여서 더 많은 것을 볼 수 도 있겠지만 조금 적게 보더라도 천천히 오래오래 보는 것이 더 좋다는 것을 이미 그동안의 여행에서 절실히 느꼈다.

여행의 커다란 방향을 결정하고 나니 렌터카, 더블린행 항공권 같은 굵직한 교통편들을 확정 짓는 건 순식간이다. 이렇게 베네치아로 넘어가는 중간 기착지에서 우리 여행의 실루엣이 드러났다.

기차역 플랫폼에 올라 그랏츠행 기차를 기다렸다. 옆에 있던 할머니가 알 수 없는 언어로 계속 말을 건다. 최선을 다해 도와드리고 싶었다. 하지만 이 열차가 그랏츠행 기차라고 알려드리는 것 외엔 할 수 있는 게 없었다. 기차에 올라타니 내 예약석에 할머니가 앉아 있다. 어쩔 수 없이 자리를 양보하고 앞 좌석에 앉아 서로 마주 보며 갔다. 얼마 지나지 않아 검표원이 왔고 그들의 대화에서 할머니가 우크라이나 피난민이란 걸 알게 됐다.

할머니는 몰래 눈물을 훔쳤다. 지수는 휴지를 건네며 유감을 표현했다. 다른 가족들은 어디 있을까. 그랏츠에는 의지할 곳이 있을까. 식사는 하셨을까. 마음이 쓰였지만 차마 헤아릴 수 없는 슬픔을 달랠 방법을 몰라 말을 아꼈다. 언어의 장벽으로 닿을 수 없던 위로의 마음을 가슴에 손을 얹고 씁쓸한 미소를 담아 고개 숙여 전했다.

그랏츠는 빈 다음으로 큰 도시지만 생각보다 아담했다. 한편으론 프라하를 축소한듯한 친숙함을 지녔다. 시계탑, 성과 언덕 주변을 돌며 그랏츠의 인상을 스케치했다.

저녁을 먹기 위해 동네 사람들이 모여있는 로컬 펍을 직감적으로 찍었다. 메뉴판 따윈 없다. 오직 맥주만 판다. 배가 고파 식사가 될만한 음식이 간절했던 우리에게 주인장은 친절히도 굴라쉬를 만들어줬다. 펍을 중심으로 가꿔진 동네는 이런 점이 매력이다.
감칠맛이 좋은 걸쭉한 국물과 감자, 돼지고기가 푸짐한 굴라쉬를 사랑했다. 나중에 알게 된 사실인데, 알프스를 넘어 동유럽을 벗어나니 더 이상 어디에서도 굴라쉬의 흔적조차 찾을 수 없었다. 레토르트 굴라쉬 많이 사 놓걸...

그랏츠의 짧은 밤을 보낸 뒤 이른 아침에 일찍 서둘러 나와 베네치아행 환승역인 클라겐푸르트로 가는 버스를 탔다. 막상 타보면 별거 아닌데 왜 그렇게 버스여행을 피했을까. 창 밖 너머로 보이는 시골 풍경이 새삼 여행 온 기분을 느끼게 해 줬다.

우크라이나 할머니는 무사히 거처를 찾아갔을까?
문득 기차에서 만났던 할머니의 안부가 생각났다. 더 잘해 드릴걸. 길 안내라도 해 드릴걸. 뒤늦게 후회가 밀려왔지만 당연히도 떠난 인연을 되돌릴 순 없다. 이미 지나간 아쉬움을 뒤로하고 눈앞에 놓인 여정에 충실하자. 우리는 기차에 몸을 싣고 베네치아로 향했다.

Venezia

18.3. - 21.3.2022
p.077 - 097

베네치아 런쥬리

따뜻한 봄을 상상하며 오스트리아에서 알프스를 곧장 넘어 이탈리아에 들어왔다. 시작은 베네치아, 워낙 유명한 관광지라서 혹시 물가가 비싸진 않을까 사람들이 너무 많아 감염위험이 있진 않을까 걱정이 앞서 숙소도 산타루치아 본섬이 아닌 시내 한 구석으로 선택했다. 오래된 관광호텔의 낡고 고풍스러운 1980년대 분위기와 친절한 프런트가 맘에 든다. 알프스 산 하나 넘었을 뿐인데 동유럽의 화려한 건축물에 길들여진 내 눈은 흙빛에 단출한 집들이 모여있는 투박한 도시 풍경을 마주하자 시각적 이질감을 느꼈다.

이탈리아의 저녁식사 시간은 생각보다 많이 늦다. 대부분에 음식점들이 저녁 7시에서 8시 사이에 가게문을 연다. 저녁 5시가 되자 배가 고파졌지만 열려있는 음식점을 찾기 힘들었다. 거리를 샅샅이 찾아 다행히 딱 한 곳 일찍 문을 연 가게를 찾았다. 가게 주인은 아직 저녁식사 시간이 아니라 조금 당황한 것 같다. 하지만 친절한 매너로 우리를 맞이했고 메뉴를 하나하나 설명해주면서 주문에 도움을 줬다.
전채요리로 병아리콩을 곁들인 문어다리 요리를 선택했다. 전혀 다른 식감의 두 식재료가 올리브유와 결합해 씹는 즐거움을 주었고 조화로운 풍미가 입안 가득 퍼졌다. 식사는 오리라구뇨끼와 현지 전통 소스를 비벼낸 비골리를 산뜻한 산미가 느껴지는 화이트 와인과 함께 했다. 지중해와 맞닿은 도시답게 바칼라, 엔쵸비 등 소금에 절여 삭힌 젓갈류의 음식을 접하니 그동안 동유럽의 투박했던 음식들이 잊힌다. 그저 감격스러웠다.
전통음식을 너무 잘 먹는 우리들이 신기하고 기분이 좋았는지 가게 주인은 노래를 흥얼거렸고 "이것도 먹어봐" 라며 양파와 소스로 마리네이드한 새우와 야채요리를 서비스로 줬다. 잘 숙성된 음식이 주는 부드러운 풍미와 구조적 질감이 인상적이었고 우리는 표현을 아끼지 않았다. 가게 주인의 노래는 우리가 식사를 마칠 때까지 이어졌다. 베네치아 첫 인상이 강하다.

전 날에 가게 주인도 그랬지만 이탈리아 사람들은 대부분 친절하고 텐션이 높다. 그리고 볕쬐기를 좋아하는 것 같다. 아직 바람이 쌀쌀한데도 날씨가 화창해 모두들 야외로 나온다. 지인들과 와인을 즐기거나 부둣가에 걸터앉아 풍부한 손짓과 함께 대화를 나누는 모습, 낮잠 자는 모습들을 쉽게 볼 수 있었다.

투박한 건물들을 배경으로 사람들의 이야기가 채워지니 화려한 베네치아의 인상이 나타났다. 수많은 관광객들로 가득 찬 혼잡한 인파 속에서도 책을 읽는 사람, 신문을 보는 사람, 수로와 맞닿은 막다른 골목에서 그림을 그리는 사람들의 느린 속도와 순간이 강하게 남았다. 좁고 높다란 골목길과 수로가 교차하는 미로 사이사이를 보물찾기 하듯 뒤적거렸다. 곳곳에 숨어있는 소중한 장면들을 기록하고 그들 중 일부가 되어 완연한 시간을 보냈다.

물의 도시라는 명성답게 수로와 골목이 긴 세월 동안 거미줄처럼 얽혀 독특한 도시의 정체성으로 자리했다. 이질적인 도시의 풍경을 즐기기 위해 전 세계 많은 사람들이 베네치아를 찾는다. 나 또한 그들처럼 홀린 듯 셔터를 누르며 관광객의 역할에 충실했다.

문득 프레임 안에 빨래가 들어왔다. 오랜 세월 어업과 각 자의 생업에 종사하며 이 도시를 가꿔온 주민들이 여전히 이곳에 살고 있고 우리는 그 공간에 잠시 머물다 간다는 사실을 알아챘다. 일상과 여행의 길목 경계에서 빨래가 마르고 있다.

현지인과 관광객의 시선이 교차하는 순간 타인과의 관계 맺음에 대해 생각했다. 관광객의 시선으로 바라보는 베네치아는 모든 것이 이질적이고 자극적인 시각요소로 가득하다. 현지인의 일상마저도 특별해 보인다.
관광객의 행태는 그들 삶의 기본권을 침해할 정도로 소음이 크거나 물리적 영역을 침범할 때도 많을텐데 현지인이 창밖으로 빨래를 널며 바라보는 관광객들의 모습은 어떨까. 그들은 자신의 삶을 보호하는 방식을 터득했을까. 아니면 어느 정도 영역을 내어줄 수 있을 만큼 넉넉한 마음의 여유를 가졌을까.

크리스토퍼 놀란 감독의 영화 〈메멘토〉작품이 떠올랐다. 사람의 본성과 관계에 대해 냉철하게 풀어낸 이 영화의 메시지는 송곳처럼 강하게 찌르듯 들어온다. 복수만을 위해 사는 단기기억상실증에 걸린 레니. 절대적이라 믿는 사실들을 몸에 새기고 그 단서를 쫒으며 사건과 관련된 사람들과 관계를 맺는다. 주변인들은 레니에게 도움을 주는 것 같지만 사실은 이 미친개의 복수를 교묘히 이용해 자신의 이익을 얻으려는 자들 뿐이다. 움직일 수 없는 사실이라 믿었던 레니의 문신에는 타인의 얼룩만 남았다. 현실로 확장했을 때 과연 내가 절대적이라 믿는 것들이 다른 사람들에게도 절대적일 수 있을까. 보통의 사람들도 레니와 다를 게 없다는 것을 깨달았다.

사람들은 자신의 목적을 이루기 위해 타인과 관계를 맺는다는 결론에 도달하자 마음이 후련해졌다. 되려 상대의 이기심을 존중할 수 있게 됐고 이해관계를 아프지 않게 받아들였다. 심지어 나의 영역을 침범하는 무례하고 몰지성적 인간들 마저 자기 자신 또는 그들이 꾸려가는 가족, 집단의 이익을 위해 움직이는 존재들이다. 그들에게 예의와 품위는 다음 문제라는 것을 알았다. 이제 나는 그런 존재들을 불쌍하고 아픈 사람이라고 부르기로 했다.

그 뒤로 스스로를 염세주의자라고 생각했다. 허무하게 작동하는 사회구조를 냉소적으로 본다. 본질적 가치추구와 맥락적 대화가 결여된 채 오로지 단기적 이익과 목적 달성에 집착하는 장면을 일상에서 아무렇지 않게 목격해왔다. 한 가지 재밌는 건 염세적인 만큼 상대를 이해하는 마음에 여유공간도 커졌다. '그럴수도 있지, 그들이 그렇게 행동

하는 건 그럴 만도 해'

당연한 사실이지만 여행을 하면서 새삼 느끼는 것은 세상은 무지무지하게 넓다. 상상이상으로 평균 이하의 사람들이 도처에 널렸고 그만큼 상상도 못 한 일을 벌이고 건강한 관계를 맺는 멋진 사람들도 많다.

베네치아 시민들도 전 세계 관광객들을 대상으로 다양한 인격체들을 만나오며 그들과 관계 맺는 법을 터득한 걸지도 모르겠다. 그들은 색깔별로 빨래를 널 줄 아는 센스와 사생활에 경계를 둘 줄 아는 지혜를 가졌다. 관광객들이 정신없이 길을 오갈 때도 다리 위에서 책을 읽는 여유를 안다. 햇빛이 좋으면 볕을 쬐러 나와 기분 푸는 법을 안다. 대화가 하고 싶을 땐 싸구려 와인 하나를 두고 부둣가에 걸터앉아 일상의 감정을 나눈다. 빨래는 현지인과 나 사이를 연결하는 매개체이기도 했고 영역을 구분 짓는 경계선이기도 했다. 어쩌면 공간, 물질, 사람 사이에 존재하는 경계는 허물어야 하는 대상이 아니라 전이대로써 보다 더 명확해야 하는 것일지도 모르겠다. 그래야만 서로 간에 영역을 존중하는 건강한 관계를 맺을 수 있을 것이다.

베네치아의 밤

오후에 와인 한 병과 점심을 먹으며 느긋하게 하루를 열었다. 사람을 피해 본섬에서 조금 더 안쪽, 무라노 섬에 들어가 조용한 선착장을 찾은 하루. 부둣가에 걸터앉아 와인과 함께 해 저무는 풍경을 오랫동안 바라봤다.

베를린에서 프라하를 거쳐 이곳에 오기까지 흔들리는 감정을 어찌할 바를 몰라 서툴렀던 모습이 떠올랐다. 생각해보면 나는 늘 그랬다. 부모님과 그랬고 친구, 연인 사이도 그랬다. 어느새 나를 낳아주셨을 적 부모님의 나이를 훌쩍 넘었다. 부모님도 나를 키우실 때 모든 게 다 처음이라 서툴렀겠지. 노을과 함께 문득 부모님이 떠올랐다. 본인들의 삶도 처음인데 하물며 10대, 20대의 나를 두 번 키워보신 것도 아니었는데 과거의 나는 부모님에게 존재할 수 없는 완전함을 바라고 미워했다. 그 시절 그 환경에서 본인들이 줄 수 있는 모든 것을 주었고 헌신하셨다는 사실을 받아들였을 때 그제야 과거의 나를 잊고 부모님을 이해할 수 있었다. 사실 이미 부모님의 사랑을 알고 있었지만 과거의 나에게 묶여 그 사실을 온전히 받아들이지 못하고 있었던 것 같다. 훌훌 털고 주어진 삶, 내 앞에 놓인 것들을 바라보자.

해가 떨어지고 하늘은 어둑히 붉게 물들었다. 돌아가는 길 베네치아 밤거리의 사람 사는 모습을 담고 돌아왔다.

Firenze

21.3. - 25.3.2022
p.098 - 109

애증의 토스카나

베네치아를 떠나 피렌체로 간다. 피렌체는 내가 좋아하는 와인 끼안띠를 생산하는 토스카나 지방에 위치했다. 프랑스 남부로 향하는 길목에 있어서 지정학적으로 지나칠 수밖에 없는 도시기도 하다. 여행 일정을 짜면서 작은 다툼이 있었다. 나는 피렌체에서 멀리 떨어진 와이너리 팜스테이를 가고 싶었고 지수는 와인농장은 체험으로 축소하고 피렌체 여행에 안배를 두자고 했다. 의견은 좁혀지지 않았고 퉁명스러운 대답들만 오고 갔다. 결국 서로의 감정만 어그러져 다툼으로 이어졌다. 긴 다툼 끝에 피렌체에서 30분 정도 떨어진 올리브 농장 팜스테이에 머무는 것으로 합의점을 찾아 잔여감을 적당히 봉합했다.

도착하자마자 난관에 휩싸였다. 지역 버스회사가 몇 개월 전 파업했다. 새로운 버스회사의 배차정보는 구글의 교통정보와 일치하지 않는다. 대체 버스를 찾을 방법이 없다. 심지어 상주직원도 없고 관계자로 보이는 사람들을 붙잡고 물어봐도 남 일처럼 모른 채 한다.
버스를 찾기 위해 이리저리 다녔지만 좁은 도로와 협소한 거리는 너무나 혼잡해 캐리어를 끌고 다니기 힘들었다.
이러지도 저러지도 못하는 상황에 갈수록 체력은 떨어지고 화만 쌓여갔다. 일단 택시를 타고 가자. 대중교통은 숙소를 중심으로 천천히 알아가기로 했다.

피렌체로 이동하는 다양한 루트를 시도했다. 숙소 아래 작은 마을로 내려와 버스정류장을 찾아다니며 부족한 정보를 채워갔다. 이곳의 교통과 친해지려 노력했지만 피렌체로 나가는 버스를 탔을 때 문제가 발생했다. 전에 탔던 버스와 같은 노선의 하행선을 탔음에도 버스 안에는 티켓 펀칭기가 없고 기사는 불친절하게 응대한다. 영문도 모른 채 버스에 실려가고 있을 때 단속원들이 우르르 타더니 우릴 둘러쌌다. 버스 티켓이 유효하지 않아 벌금을 부과하겠단다. 어처구니가 없었다. 나는 부정승차를 하지 않았다고 주장했다. 너희 도시가 관광객들에게 정보제공이 너무 부족하다고 항변했지만 그들은 앱을 받아 쓰란 말만 한다. 벌금 부과가 본인들 일이라며 무한 도돌이표 대화가 반복됐다. 황당하고 화가 났지만 이런 곳에서 길게 에너지를 쓰기 싫었다. 어쩔 수 없이 거금 130유로를 지불하고 버스를 타야만 했다.

버스에서 내리자마자 도시가 미워 보이기 시작했다. 더 이상 이곳에 있고 싶지 않았다. 결국 그동안 쌓여왔던 감정이 폭발해 버렸다. 무력감에 아무 말도 하지 못한 채 서로 말없이 한참을 걷기만 했다. 어딘지 모를 공원 벤치에 앉아 서로 힘들었던 일들을 털어놨다. 돌이켜보니 이 모든 상황들이 나 혼자만의 여행처럼 만든 내 책임이 컸다. 너무나 미안한 마음이 들었다. 즐겁고 좋은 시간을 보내기 위해 온 여행인데 잦은 이동에 적응하기 힘들어하는 지수를 생각하지 못했다.

숙소까지 말없이 돌아왔다. 혼자 밖으로 나와 올리브나무 숲을 걸으며 지금까지의 여정을 생각했다. 느린 여행을 하는 중이라는 건 혼자만의 착각이었다. 지수는 더 많은 시간이 필요했는데 내 즐거움밖에 몰랐다. 다시 돌아가 사과를 해야겠다. 지수의 눈은 글썽였고 나는 말을 골랐다. '내가 너무 이기적이었어. 미안해' 고개를 숙이고 좀처럼 나오지 않는 말을 꺼내드는 사이, 지수의 손이 먼저 눈앞에 보였다. 화해에 꾸밈말은 필요 없었다. 두 손을 잡고 포옹을 나누며 함께하는 여행을 이어가자고 서로를 다독였다.

이곳에 머무는 동안 매일을 끼안띠와 함께 했다. 다시 집으로 돌아가면 이렇게 싸고 좋은 와인을 마실 수 있을까. 느리게 하루를 시작한 날, 바나나와 사과 그리고 물을 챙겨 나와 시골길을 걸었다. 은빛으로 반짝이는 올리브 농장 숲길을 빠져나오면 하늘을 향해 솟아있는 사이프러스가 토스카나의 프레임을 완성한다. 피렌체의 상처를 보살피면서 천천히 길을 걸었다. 언제쯤이었을까 차창 밖 오르내리는 언덕 위 넓은 초원과 숲 사이에 외딴집이 있는 풍경을 보곤 당장이라도 내려 그곳으로 가고 싶던 적이 있었다. 지금 이곳에서 그렇게 기대하던 풍경 속을 걷고 있다.

분홍빛 벚꽃이 봄의 첫 소식을 알렸다. 차례로 나무와 들풀들이 움을 틔우고 그 사이로 길게 뻗은 오솔길을 따라나섰다. 산 가장자리를 벗어나니 넓은 들판이 반겨준다. 더없을 선물 같은 풍경이 연속해서 펼쳐졌다. 여유로운 시간, 어제의 악몽이 깨끗이 잊힌다.

해가 지기 전에 숙소로 돌아왔다. 올리브 숲 사이로 빛이 들어오고 반짝이는 잎 아래 그림자가 드리운다. 바람은 여전히 조금 차고 햇살은 따갑다. 송골송골 맺힌 땀을 씻어내고 느긋한 오후를 즐겼다. 가장 높은 언덕 위로 올라 농장에서 운영하는 투스칸 전통 레스토랑에서 저녁식사를 했다. 저 멀리 피렌체가 보일 정도로 전망이 좋다. 역시나 시작은 끼안띠 한 병과 호박요리. 부드럽고 진한 호박 수프로 뱃속을 따뜻하게 데우고 풍부한 과일향과 경쾌한 산미의 와인으로 입맛을 돋운다. 깊고 진한 향을 간직한 트러플을 아끼지 않은 파스타에 이어 메인 디너로 투스칸 스타일 스테이크와 구운 야채를 주문했다.
특이한 점은 별다른 소스 없이 직접 생산한 올리브 오일 한 병을 함께 서빙해 줬는데 지금껏 먹어본 적 없는 상식밖에 올리브 오일을 경험했다. 깊고 진한 올리브 향과 약간의 매운맛 그리고 쫀득한 식감이 스테이크의 풍미를 더욱 증폭시켜 입안에 넘치고 풍족한 경험을 선사했다.

피렌체의 망가졌던 모든 일들을 모조리 보상받고도 남을 정도로 잊지 못할 하루를 보냈다. 토스카나를 떠나기 전 좋은 추억을 남겨 다행이다. 언젠가 오늘을 다시 떠올린다면 증오는 보잘것없이 미미하게 남을 것이고 애정은 더욱 커다랗게 기억할 거라 확신한다. 애증의 토스카나는 증오도 결국에는 애정을 밑거름으로 자라난 감정임을 우리에게 가르쳐줬다.

Genova

25.3. - 28.3.2022
p.110 - 122

한 호흡 쉬어가는 제노아

제노아로 향했다. 밀라노를 지나 제노아로 가는 기차 안, 맞은편에 앉은 중년의 여성이 상냥한 미소를 보냈다. 사연 가득한 느낌의 수심에 잠긴 얼굴이 머릿속에 선명하다. 도착 후 그녀와 가벼운 손짓으로 안녕을 던지고 헤어졌다.

바질페스토의 탄생지인 제노아는 우리나라로 치면 부산 같은 도시다. 산과 맞닿은 항구도시 특유의 조밀한 밀도와 다양한 인종이 모여사는 억척스러운 도시의 느낌. 그것들이 모여 특이점을 만들어내는 알 수 없는 묘한 조화로움이 특히 그랬다. 중심도로를 기준으로 산 쪽은 부촌이고 바다 쪽은 좁은 골목길 사이로 무서운 사람들이 곳곳에 보여 위험해 보인다. 이 점은 부산과는 조금 다르다.
제노아의 첫날, 푹 자고 난 뒤 피렌체 숙소지기의 추천으로 존재 자체도 몰랐고 계획에도 없던 친퀘테레(Cinque Terre)로 간다.

다섯 개의 땅이라는 뜻을 가진 친퀘테레는 제노아에서 동쪽 해안선을 따라 기차로 약 한 시간 정도 떨어져 있다. 만과 반도가 반복하는 해안절벽에 자리한 다섯 개의 마을과 언덕, 해변 전부를 통틀어서 친퀘테레 국립공원으로 묶여있고 1997년 유네스코 문화유산으로 지정되었다.
수많은 전 세계 트래커들이 이 땅을 걷기 위해 모여드는 트래킹의 성지와 같은 곳이지만 현실적으로 전부 다 둘러볼 수 없다고 판단했다. 하루 온전히 한 마을을 돌아보기 위해 네 번째 마을인 마나롤라로 향했다. 제노아에서 직행은 없고 세스트리 레반테(Sestri levante)역에서 친퀘테레행 기차를 갈아타야 한다.

지도에서 환승역을 유심히 살펴보니 좁고 기다란 반도에 마을이 종방향으로 길게 자리하고 양 옆으로 해변이 발달한 지형이 흥미로웠다. 이곳에서 점심을 먹고 주변을 둘러보고 싶었다. 마을 중심부를 가로질러 반도 끝자락에 다다를 무렵 건물 모퉁이를 도는 순간 눈앞에 놓인 풍경을 보고 나도 모르게 '우와' 탄성을 내질렀다. 작은 만 주변을 해안절벽과 거대한 바위들이 병풍처럼 둘렀고 그 사이사이에 고급주택들이 곳곳에 자리했다. 티 없이 맑은 바닷물이 잔잔하게 일렁이는 해변가에는 수많은 가족들이 볕을 쬐며 한가로운 시간을 보냈다.
잠시 이곳 분위기와 어울려 꽤 괜찮은 점심을 가졌다. 랍스터 살을 곁들인 스파게티와 지중해식 생선찜요리를 화이트와인 한 병과 함께 즐겼다. 디저트는 야생 딸기 셔벗과 시트러스 머스터드를 얹은 비스킷 밀푀유를 주문했다. 마무리는 에스프레소. 이곳에 머물지 않았다면 이토록 값진 시간을 보낼 수 있었을까. 지수에게 말했다.

"경험하지 않으면 평생 몰라"

여행은 양자역학 같다. 관찰하기 전까진 결과를 알 수 없다. 무수한 갈림길 가운데 하나를 선택하는 순간, 그것에 상응하는 경험을 하게 된다. 선택하기 전까지는 평생 알 수 없다. 어쩌면 삶 자체가 그럴지도 모르겠다.

마나롤라에 도착한 우리는 절벽 사이사이에 자리한 형형색색의 집들이 모인 마을의 골목길을 누비고 다녔다. 어업과 절벽 경사지 계단식 농업을 주 생업으로 이어온 삶의 흔적들을 곳곳에서 찾아볼 수 있었다. 자연지형, 집, 사람 사는 모습들 모든 것이 다 조화롭다.
떠나기 전 바닷가에 앉아 햇빛이 부서지는 바다와 번지는 노을을 한참 동안 바라보며 하루를 정리했다.

제노아의 숙소는 다른 곳들과는 조금 달랐다. 호스텔과 호텔을 함께 운영해서 두 공간의 특징을 모두 갖고 있다. 객실은 생각보다 넓고 편안했고 부대시설로 공용주방, 공용공간, 휴게 오락시설을 갖췄다. 그중에서 특히 공용주방이 인상적이었는데 직접 재배하는 바질, 로즈메리 등 다양한 향신료 텃밭이 잘 관리되어 있고 레몬나무에서 직접 레몬을 따다 요리를 할 수 있었다. 그 외 기본적인 야채, 여러 종류의 파스타와 쌀을 제공한다. 매일 밤마다 다양한 테마의 파티가 열려 근처 대학의 친구들이 밤마다 이곳에 모였다. 제노아의 파티문화를 여기에서 주도하는 것만 같다. 국적과 성별을 넘어 모든 세대와 가족 등 다양한 유형의 여행객들이 자연스럽게 이 공간을 존중하고 적정선을 유지한다. 모든 이들이 함께 이 문화를 가꿔가는 점이 흥미로웠다.

로비로 내려와 맥주를 주문할 때 뜻밖에 인연을 만났다. 기차에서 만났던 중년 여성도 같은 숙소에서 지내고 있었다. 우연찮은 만남에 서로 반갑게 인사를 나눴지만 말주변이 썩 좋지 않아 긴 대화를 이어가지 못했다. 그건 상대도 마찬가지였다. 우리는 서로 어색한 머뭇거림으로 반가움을 대신하고 헤어졌다.
공용주방에서 저녁식사를 준비하고 식사를 마칠 무렵 그녀와 다시 마주쳤다. 세 번째 만남이 반가웠는지 우리에게 쪽지로 짧은 인사말과 이메일 연락처를 남겼다. 우리도 여행지에서 만난 인연에 소중함을 놓치고 싶지 않았다. 다시 그녀를 찾아가 맥주 한잔 함께 하자고 제안했다.

짧은 영어로 많은 대화를 이어갔다. 스위스에서 온 그녀는 새롭게 정착할 곳을 찾아 여행하는 중이다. 많은 것들을 내려놓고 여기까지 왔다. 여성인권에 대해 깊은 고민을 해왔던 그녀는 이혼 후 남편의 성을 버리고 자신의 성을 되찾았다. 그래서일까, 결혼을 했는데도 서로 다른 성을 갖고 있는 우리의 이름을 듣자 굉장히 흥미로워했다.
그녀는 바다가 보이는 집에 살면서 고래를 보는 것이 꿈이었다.

"고래를 볼 수 있는 바다는 많을 텐데, 그중에서 제노아에 온 이유는 뭐예요?"

그녀의 고향 스위스 취리히에 작은 마을 애드리스빌(Adliswil)에는 아직 가족들이 살고 있었다. 제노아는 기차로 4시간이면 언제든지 가족들을 만날 수 있는 최적의 장소였다. 돌아갈 곳이 있다는 것만으로도 마음에 커다란 위안이 된다고 공감했다. 꼭 원하는 집을 찾아 정착하고 고래를 봤으면 하는 마음을 담아 고래 그림과 함께 우리의 연락처를 전달하고 헤어졌다. 그녀와 나눈 이야기 때문일까, 잔잔한 슬픔이 쉽게 떠나지 않는다. 우리는 왜 여행을 하는 걸까. 이 여행의 끝엔 무엇을 가지고 돌아갈 수 있을까. 그녀가 남긴 진한 여운은 다시 한번 이 여행에 물음을 던졌다.

온전한 마지막 하루, 이 시간을 명소들을 둘러볼 수도 있지만 느리고 여유 있는 아침을 시작했다. 밀려있는 빨래를 세탁할 겸 오랜만에 빨래방 가는 길을 여행한다.
가파른 산경사에 빼곡히 들어선 집들 사이로 좁고 굽이치는 길과 계단을 따라 올라갔다. 밀집한 집들 사이 모퉁이를 돌아서 발걸음을 내디딜 때마다 시선이 옮겨졌고 그 시선을 따라 도시의 입체적 풍경이 연속해서 들어왔다. 골목 사이사이 틈새에 주민들만 알 수 있는 지름길이 숨어있다. 하루 이틀 시간이 더 있었다면 조금 더 깊숙이 볼 수 있었을 텐데. 주어진 시간에 아쉬움이 크지만 앞으로 여정이 많이 남았다. 아쉬움은 먼 미래에 즐거움으로 남겨두자.

잘 마른빨래를 걷어 가방에 담아 다시 길을 나섰다. 가보지 않았던 새로운 길을 찾아 언덕을 내려가며 마지막 제노아의 시간을 담았다.

여행의 중반, 남쪽나라 기차여행이 끝났다. 베를린을 시작으로 프라하를 거쳐 이곳에 오기까지 움츠러들었던 감정, 평화로웠던 시간들, 소중한 인연들을 떠올렸다. 나는 지금 어떤 여행을 하고 있고 어디로 향해 가는 걸까.
그저 아름다운 여행을 하고 싶었던 걸까. 아니면 삶의 방향을 찾고 싶었던 걸까. 어떤 가치를 추구하는 걸까. 매번 같은 질문을 반복했지만 대답하기는 너무 어렵다. 분명한 건 이전에는 느껴보지 못한 다양한 감정들을 느끼며 여기까지 왔고 아직 여정이 많이 남아있다. 제노아의 짧은 인연은 대답할 수 없는 질문을 남기고 떠났다.

'가다 보면 알게 되겠지' 반드시 즉답할 필요 없다. 중요한 건 앞에 주어진 길이다. 한 호흡 가다듬고 여행자의 마음으로 새로이 다가올 여행을 온전히 받아들일 준비를 하자.

Nice

28.3. - 30.3.2022
p.123 - 127

여행의 전환점, 니스

"왜 그렇게 살아야 하지?"

끊임없이 물어왔다. 평범한 삶을 살기 위해 왜 다들 주어진 틀 안에서 어른들이 닦아 놓은 길을 밟아야만 하는지. 초, 중, 고등학교를 다닐 땐 "대학교 가서 놀아라" 대학교 가면 놀 수 있는 줄 알았는데, "취업은 전쟁이다" 운 좋게 직장을 들어가도 "결혼은 빨리 할수록 좋다" 매번 그런 얘기를 들을 때마다 같은 질문을 던졌지만 늘 돌아오는 대답은,

"남들 다 하는 거라 그래"

평범하게 살기 정말 어렵다. 대출을 짊어지고 터를 잡아 결혼을 하기까지 앞만 보고 달려왔다. 남들 다 하는 거 적당히 해보며 직접 겪어본 끝에 어렴풋이 스스로 내린 대답은 '지금껏 걸어온 길은 사회에 구성원이 되기 위한 과정이었구나'정도로 결론냈다. 다른 질문은 생각 못하게 덮어버리고 살아왔다. 하지만 누구나 그렇듯 지금의 행복을 유지하기 위해 발버둥 치다 보면 때로는 원하지 않는 상황으로 스트레스에 노출되고 허무함을 경험한다. 다시 스멀스멀 질문이 올라와 괴롭힌다.

지금의 내가 있기까지 이유를 찾아 과거를 뒤적거려 봤다. '나는 운 좋게도 엉겁결에 이만큼 살아왔구나' 나에게 주어진 것들을 부정하기 시작한다.

서른여섯, 인생의 약 절반을 향하는 동안 다양한 사람들이 살아가는 방식들을 보면서 꼭 어른들이 닦아놓은 정해진 길을 갈 필요가 없다는 것을 알게 됐다. 과거에는 부모님에게 의지할 수밖에 없으니 주어진 틀 안에서 사고하고 행동할 수밖에 없었다. 이제는 하나의 독립된 가족으로서 자유의지를 가지고 틀을 벗어날 때가 왔다. 질문을 '왜'에서 '어떻게'로 바꿔본다.

"우리의 삶을 어떻게 가꿔나가지?"

그동안 무엇을 하고 살아왔고 내게 남은 게 무엇인지 세 보았다. '가치지향적 선택', '공감하는 마음', '순환과 균형의 생태적 사고', '적당한 사회화', '약간의 사진술과 심미적 시야' 등등... 생각보다 가진 게 많다.
우리만의 삶의 태도로 여행을 하고 있다. 나 자신을 알아가고 어떻게 살아갈지 삶의 방향을 정하는 여정을 떠나 여기까지 왔다. 온전히 우리에게만 집중하는 시간을 선물하는 중이다.

길었던 기차여행이 드디어 끝났다. 베를린에서부터 프라하, 빈을 지나 이탈리아 토스카나 지방을 끝으로 니스에 도착했다. 누가 먼저 할 것도 없이 자연스레 끌어안고 서로를 다독였다.

아직 바람이 세차고 공기는 서늘하지만 내리쬐는 따뜻한 햇살이 정말 반갑다. 토스카나의 자유분방한 느낌에 지쳐서 그랬을까. 잘 정돈된 도시의 편안함이 좋았다.

예전부터 프랑스에 대한 오해가 있었다. '자국 언어에 대단한 자부심을 가진 프랑스인', '유럽의 중국(?)'이라는 뜬소문에 방어적 태도를 끌어올렸다. 하지만 우려와는 달리 남부 프랑스를 여행하는 동안 만났던 사람들은 모두 엄청 나이스했다. 상냥한 말투와 친절한 태도, 몸짓은 손끝까지 우아하다. 단, 운전대를 잡은 프랑스인을 제외하면...

역에서 가까운 호텔에 체크인을 하고 가벼운 복장으로 나와 천천히 도시를 알아갔다. 빨간 반바지에 파란색과 흰색으로 위아래를 나눈 외투를 입고 보니 의도치 않게 영락없는 프랑스 국기다. 프랑스의 가호를 입었으니 소매치기 당할 일은 없겠지...

약간에 쇼핑을 즐기고 해변 산책로를 걸었다. 넓고 긴 자갈해변과 푸른색 줄무니 파라솔이 제일 먼저 보였다. 해변을 따라 이어진 길은 끝이 보이지 않는다. 무엇이든 받아들일 수 있을 만큼 넉넉하다. 사람들은 저마다의 속도로 움직였다. 조깅하는 사람, 반려동물과 산책하는 사람, 앞바퀴를 들고 자전거를 타는 사람, 춤을 추는 사람, 벤치에 앉은 사람 등. 어느 누구의 시선도 상관 않고 자유롭다.

투명하게 빛이 부서지는 바다에 발을 담가봤다. 그것만으론 부족하다. 웃옷을 벗고 누워도 괜찮을까? 누가 신경 쓰겠어? 그러려고 여행 왔는데. 소심한 마음의 경계선을 넘었다. 한 걸음이면 충분했고 해방감은 도약했다. 내 마음, 내 삶은 그대로 내 거다.

플라쥬 파라솔 아래에서 로제 와인과 상시르를 마시며 바다를 바라봤다. 이래서 다들 니스를 외치는구나. 긴 여정에 굳었던 긴장이 스륵 풀린다.

Arles

30.3. - 5.4.2022
p.128 - 137

반 고흐의 마지막 4년, 타오르는 아를

아를로 떠나는 날, 아침 일찍 일어나 공항행 트램을 탔다. 모든 역마다 다른 음악이 나온다. 안내음성도 남성, 여성, 어린아이 세 가지 목소리로 다양하다. 성별, 연령을 고려한 세심함이 인상적이었다.

렌터카 회사에서 체크인을 도와주던 젊은 직원이 나를 살살 꼬셨다. 남부 프랑스 여행을 제대로 즐기려면 오픈카를 타야 한다고. 볼보 소형차에서 미니 쿠퍼 컨버터블이라니. 산들거리는 바람, 따뜻한 햇살을 맞으며 지중해 연안을 달리는 우리의 모습이 순간적으로 떠오른다. 지수가 이 상황에 개입하기 전에 빠른 판단을 했다. 순식간에 예약 변경을 진행했고 내친김에 호기롭게 풀커버 보험까지 가입했다.

타지에서 예상치 못한 변수로 고생할 바에는 고민거리를 하나라도 덜어내는 게 최선의 선택이다. 덕분에 백만 원 초반의 예산에서 배가 넘는 비용이 발생했다. 여행은 원래 그런 것이고 이제와 돌이켜 생각해도 옳은 선택이었다. 실제로 후드를 열고 운전을 한건 단 두 번, 도합 한 시간이 채 안 됐다. 여행 내내 비가 오거나, 바람이 너무 세거나, 구름이 개인 날에도 햇빛이 너무 따가워 도저히 열고 달릴 수 없었다. 그럼에도 프로방스 지역을 달릴 때 잠깐에 개방감만으로 충분히 가치가 있었다.
떨리는 마음으로 첫 주행 시작, 프랑스는 좌핸들 주행이라 큰 어려움이 없다. -다른 점이 있다면 원형교차로가 굉장히 많다는 것 정도- 심지어 분노에 찬 고속도로의 살벌함마저 우리나라의 그것과 닮았다. 익숙한 느낌을 따라 열심히 방어운전을 했다.
2차선 주행도로 위 속도는 100km/h 정속 주행 중, 룸미러 넘어 맹렬히 질주하는 레이서가 보인다. 예상대로 우리 차를 앞지르더니 위협적인 칼치기를 한다. 놀란 가슴을 쓸어내리며 '무언가 대단히 급한 일이 있나 보다'라고 생각할 찰나, 급격히 속도를 줄이더니 금세 차선을 바꾸고 50m 앞 출구로 유유히 빠져나갔다. 황당했다. 차가 밀리는 것도 아니었는데, 그럴 거면 3차선으로 달리지. 굳이 내 차를 추월했던 그 운전자의 저의는 지금도 알 수가 없다.

지수는 여독이 한꺼번에 밀려왔는지 차에 타자마자 깊은 잠에 들었다. 잠이 든 사이에 어떤 일이 벌어졌는지 지금도 모른다. 산악 풍경을 보기 위해 도로를 나와 북서쪽으로 향했다. 굽이치는 좁은 도로를 따라 한참을 달려 베흐동 자연공원에 들어왔다. 작은 마을들이 사이사이에 숨어있고 그 사이엔 맑다 못해 에메랄드빛 계곡물이 넘쳐흐른다. 흐르는 물을 거슬러 올라 시선을 옮기면 화강암이 우뚝 솟은 아득한 크기의 산세가 압도한다.

산을 등지고 분지에 자리 잡은 작은 마을을 찾아 점심을 먹었다. 주문한 메뉴는 수제 햄버거와 꿀에 절인 소스를 곁들인 오리 가슴살 스테이크. 햄버거는 육즙 가득한 패티와 신선한 야채, 풍미가 넘치는 홈메이드 치즈를 직접 구운 빵 사이에 끼워 조화를 이뤘다. 오리 가슴살은 먹음직스러운 크기로 잘 손질돼 완벽한 굽기로 구워냈다. 먹기 좋게 썰어 꿀절임 소스를 찍고 입 안에 넣었을 때 한가득 차오르던 풍요로움은 달리 설명할 방법이 없다. 이런 경험을 하려고 고생해서 여기까지 왔나 보다. 괜히 가슴이 뭉클하다.

다시 오른 여행길에 지수는 금세 잠이 들었다. 사진에서만 보던 끝없이 펼쳐진 라벤더 초원길을 달렸다. 아쉽게도 개화기와 맞지 않아 어둑한 갈색빛 초지였지만 중간중간 야생 초원과 어우러진 목가적 풍경의 마을은 충분히 아름답ㄷ....다고 느끼던 순간 저 멀리 흙먼지를 휘날리며 8톤 트럭이 미친 듯이 달려온다.
도로는 차선이 없는 폭 4m 미만에 일방향 다진 자갈길. 평속 80km/h 이상에 결코 느리지 않은 속도로 달렸지만 트럭은 멀어질 생각을 안 한다. 아니 오히려 가까워지고 있다. 얼마 지나지 않아 뒤꽁무니까지 따라 잡혔다. 피할 곳도 양보할 곳도 없는 지독한 추격전이 강제로 시작됐다.
매드맥스 찍는 줄 알았다. 코너를 돌면 멀어졌다가도 금세 뒤를 바짝 쫓아 압박한다. 혹 해코지당하진 않을까 두려움이 엄습했다. 끝 모를 초원을 가로지르는 미친 레이싱은 30분이 넘도록 멈출 줄 몰랐다. 거친 도로 위 핸들의 떨림은 그치지 않았고 손이 저려왔다. 모든 걸 놓고 발할라를 찾고 싶을 때 드디어 우회차선이 나타났다. 간신히 옆으로 바짝 비켜 길을 내어줬고 트럭은 순식간에 저 멀리 지평선 너머로 사라졌다. 도그레이싱은 우리의 패배로 끝났다. 이 순간을 영상으로 기록하지 못한 게 아쉬울 뿐이다. 식은땀을 닦아내고 아를을 향해 계속 달렸다. 운전대 잡은 프랑스인들 독해...

해가 지기 전에 드디어 그토록 보고 싶었던 아를에 도착했다. 숙소는 아를에서 10분 정도 떨어져 있는 넓은 초원 한가운데 한 두 개의 집들이 듬성듬성 모여있는 작은 촌락. 호스트는 짧은 영어와 알아들을 수 없는 프랑스어를 섞어 말하며 친절히 맞이해 줬다. 집 밖에 거위 두 마리도 맹렬히 달려와 울어대며 반겨줬다. -얘네는 눈만 마주치면 달려와 하악 거리며 위협한다. 거위는 공격성이 매우 짙다. 맹렬히 달려오는 것들은 다 무서워...- 숙소는 와이파이가 없는 것을 제외하면 모든 것이 완벽하게 구비된 시골 전원주택이다. 식재료, 술 등 필요한 것들을 사러 장을 보고 돌아와 저녁을 지어먹었다.
저녁 8시, 해가 저문다. 반 고흐는 생을 마감하기 전*까지 왜 여기에 머물렀을까. 여기서 무엇을 봤던 걸까. 호기심으로 시작된 여정을 따라 드디어 아를에 한 발짝 다가섰다.

달궈진 팬에 올리브유를 두르고 빵을 구웠다. 후추를 갈아 흩뿌린 잠봉뵈르를 빵 사이에 끼워 넣어 도시락을 챙겨 나왔다. 사방에서 불어오는 프로방스 바람에 길들여진 넓은 들판은 노란 꽃을 틔워 흔들거린다. 초원 사이를 가로질러 빈센트 반 고흐의 마지막 4년을 눈앞에 두고 있다. 론 강이 흐르는 별이 빛나는 도시, 그의 흔적 찾아 아를에 왔다.

* 반고흐는 1888년 2월 아를에 정착했다. 약 4년 간의 창작활동을 끝으로 1890년 5월, 파리와 가까운 오베르로 거처를 옮겨 그 해 생을 마감했다.

아를역 뒤 론 강과 맞닿은 무료주차장에 차를 대고 가볍게 역 주변 마을을 스케치했다. 제일 먼저 보이는 것은 노란집이 보이는 거리의 풍경. 비록 그림 속 집은 세계 대전 이후 불타 없어지고 그 자리에는 다른 집이 올라섰지만 건물 앞 '노란집(거리)' 이정표가 여기에 반 고흐가 있었다고 말한다.

깊고 푸른 하늘 아래 론 강을 따라 시선 끝에 붉은 지붕을 위에 얹은 잿빛의 집들이 보인다. 반 고흐도 이 길을 따라 걷다가 저 멀리 마을을 보고 멈춰 섰을 거다. 그는 여기서 별이 빛나는 밤하늘 아래 론 강에 비치는 아를을 보고 〈아를의 별이 빛나는 밤〉을 그렸다. 걸음을 옮겨 좁고 예쁜 골목길로 들어가 마을 곳곳을 다녔다.
분위기 좋은 카페들, 활짝 열린 창문 턱에 놓인 화분들, 골목 옆 작은 화단들을 찍으며 방향도 잊은 채 거리를 걸었다. 정신없이 걷다 보니 어느새 〈포럼광장의 카페테라스〉, 〈원형경기장〉을 눈앞에 마주했다.

반 고흐 재단이 운영하는 전시관에서 그를 조금 더 자세히 알 수 있었다. 그는 자신만의 일본을 찾아 떠난 여행에서 아를에 정착했다. '가쓰시마 호쿠사이'의 〈가나가와의 큰 파도〉를 비롯한 일본 화풍에 영향을 많이 받았다고 한다. 그림을 다시 한번 깊게 봤다. 사이프러스, 아몬드 나무, 구름, 별, 태양 등 그가 즐겨 그리던 대상들의 시절이 선연하다. 물결치듯 일렁이는 붓터치는 한 획 한 획이 신중하게 시작해서 부드럽고 섬세하게 끝을 맺는다. 막힘없는 거친 획을 상상했던 나로서는 충격적이었다. 이게 과연 생의 끝에 미쳤다는 사람이 할 수 있는 일인가? 도대체 얼마만큼의 집중력과 세심함을 가져야만 이토록 강렬한 색채와 섬세한 표현이 가능한 것일까. 인쇄에서는 느낄 수 없던 그림이 가진 생명력을 아주 약간은 이해할 수 있었다.

이후로도 여러 차례 아를을 찾았다. 때로는 카메라를 내려놓고 온전히 공간 속에 머물러 보기도 했다. 프로방스의 칼바람에 몸을 웅크리며 전전긍긍하다가 지쳐서 돌아가기도 했다.

도시를 등지고 해가 저문다. 짙푸른 하늘이 붉게 물들기 시작했다. 이전과 이후 그 어디에서도 아를과 같은 하늘은 볼 수 없었다. 깊은 하늘을 찌르듯 퍼져가는 석양은 노란 들판과 나무를 새빨갛게 비췄다. 마치 타들어가는 것만 같다. 아니 타오르는 것이 분명했다. 우리는 타오르는 아를의 하늘을 진심으로 사랑했다. 어쩌면 노을에 비친 아몬드 나무, 사이프러스, 노란 들판에 그도 매료되어 이곳에 머무르지 않았을까. 이제 그가 무엇을 말하고 싶었는지 알 것 만 같다.

마침내 평온을 얻었다. 아침에는 부엌 창 밖으로 작은 새무리들이 넓은 들판 위를 먹이를 찾아 날아다닌다. 문을 열면 낮은 울타리로 둘러싸인 축사에 거위들이 어김없이 괴성을 지르며 달려온다. 날 보며 하악질 하는 거위를 향해 기지개를 켜고 하루를 시작했다. 아침을 지어먹고 밖을 나섰다. 들판을 가로질러 수로 옆 좁은 도로와 만난다. 길을 따라 걷다 보면 주위에 노란 꽃이 핀 초원이 바람에 흔들리고 시선 끝에 흙집들이 듬성듬성 놓여있다. 이토록 조화로울 수 있을까. 어느 것 하나 시선에 거스름이 없다.

두 발로 딛고 서 있는 이 순간이 고스란히 느껴졌다. 너무나 당연한 말 같지만 막상 꺼내긴 쉽지 않은 말이다. 하루의 대부분을 과거나 미래에 대한 숙제를 안고 살아 현재에 머무르고 있다는 것을 모르고 보낼 때가 많다. 그럴 때면 요즘 나의 생각, 관심 있는 것들을 말하길 좋아한다. 외부의 자극에 감각을 인지하고 느끼는 감정이나 정리된 생각을 말할 때(때로는 침묵으로 대신한다.) 지금 여기에 존재하고 있음을 확인한다.

'Live your own time child, Sing about your own time'
'너의 시대를 살고 너의 시대를 노래하라'

전설적인 포크 뮤지션 밥 딜런의 삶을 7명의 인물로 그린 영화 〈I'm not there〉에 나오는 이 대사는 나의 가치관을 완전하게 대변한다. 유년기 시절의 인물 우디거스리가 기타 한 자루를 매고 떠돌이 극단을 도망쳐 나와 달리는 기차에 무임승차를 하며 이야기는 시작한다. 그는 자신이 태어나기 20년 전인 1939년 미국에 노조 결성 시절을 노래를 하곤 마치 그 시절을 산 사람 마냥 흉내를 낸다. 노인들은 포크의 신이 빙의된 것 같다고 놀라워 하지만 유일하게 이를 못마땅히 여기는 이름 모를 아주머니는 말한다. 지금은 인종차별, 실업에 대한 노래를 해야 한다고. 너의 시대를 살고 너의 시대를 노래하라고. 실화인지는 모르지만 살아있는 전설 밥 딜런은 시대를 노래하는 포크가수가 됐다.

일상을 살다 보면 과거에 대한 후회와 미래에 대한 불안함이 현재의 선택을 지배할 때가 많다. 고(故) 김영갑 사진작가가 자신의 삶 자체를 제주도에 투영한 것처럼, 반 고흐가 자신만의 일본을 찾아 아를에 정착한 것처럼 나는 지금 무엇을 추구하고 좋아하는지, 어떤 것을 하고 싶은지 자신 있게 말하고 싶지만 현재에 대해 말하는 건 언제나 두려웠다. 나는 과거로부터 더 이상 도망칠 곳이 없다. 맞서 이겨내진 못하더라도 최소한 마주 서서 하고 싶은 말은 해야겠다고 다짐했다. 내 인생에 도표를 그린다면 반복적인 삶의 기복 중에서 긴 여행을 사이에 끼워 넣고 싶었다. 일생으로 보면 짧디 짧고 보잘것없는 요동에 불과하겠지만 혹시 모른다. 그것이 커다란 파동을 불러일으킬지. 사람 사는 일은 아무도 모른다.

이 여행은 무수한 갈림길 가운데 두려움을 마주하고 현재에 가치를 둔 선택이다. 용기 있는 선택은 이곳 아를로 우리를 이끌었고 그 보상으로 흔들리는 노란 들판과 타오르는 하늘을 보았다. 우리는 지금 이 순간에 있다.

Saint-cannat

5.4. - 8.4.2022
p.138 - 149

봉쥬흐 엑상프로방스, 메르시! 어흐브와!

프로방스의 바람이 매섭다는 사실은 'Rachel cobb' 작가의 〈MISTRAL〉 사진집을 통해 짐작은 했지만 직접 맞아 보기 전까진 그 혹독함은 어느 누구도 예상할 수가 없다.

밀도 높은 칼바람이 쉴 새 없이 몰아쳐 발걸음을 옮기는 것조차 큰 힘이 필요했다. 바람에 맞서 여행을 이어가려 했지만 결국은 항복을 선언, 대부분의 일정을 카메라도 내려놓고 차에 숨어 보냈다.

아를에서 북쪽으로 1시간 남짓 떨어진 알필레스자연공원 산자락에 위치한 빛의 채석장을 찾았다. 프랑스 남부 산악지대의 폐광산이 전시장으로 새롭게 단장했다. 네모반듯하게 잘린 채석장의 높은 천장고와 깊고 넓은 공간을 활용해 다양한 빛과 소리의 변주가 반사돼 울려 퍼진다. 거대한 공간을 웅장하게 채우는 빛과 소리에 압도되는 경험을 했다. 빛의 채석장 안과 밖 주변을 둘러보는 동안 세찬 바람은 좀처럼 그칠 줄 몰랐다. 바람에 저항하는 것은 소용없었다. 몸을 가누기도 힘들어 절벽으로 떨어질 것 같았다. 결국 바람을 피해 차를 타고 산 마을 고흐드(Gordes)로 행선지를 옮겼다.

그 어느 때보다도 격렬한 바람이 우릴 맞이했다. 높게 솟은 산악지대, 가파른 산등성이에 건조한 흙집들이 빼곡히 모여 독특한 풍경을 가진 고흐드는 결코 만만한 곳이 아니었다. 시종일관 불어닥치는 칼바람에 맞서 마을을 향해 걸었지만 도저히 이 바람은 이겨낼 수 없었다. 여행 의지는 그대로 꺾여버렸다.
결국 진입부 뷰포인트에서 후다닥 사진을 찍고 도망쳐 나왔다. 처음으로 도장 찍기 하듯 겉만 훑고 지나가는 여행을 하니 왠지 모를 굴욕감마저 느꼈다.

정신이 혼미해지기 전에 재빨리 대안을 찾아 초록빛 계곡물이 흐르는 숲 속에 바우클러스 스프링 마을(Vaucluse spring)로 향했다. 이곳도 바람으로부터 자유롭지 않았다. 추위에 벌벌 떨며 몸을 웅크리고 마을을 감상했다. 맑고 투명한 물속에 수초들이 넘실댄다. 수초의 초록빛이 물길을 따라 퍼져나갔다. 생명력이 넘쳐흐르는 마을은 너무나 아름다웠다. 계곡 옆 카페에서 잠시 바람을 피해 크레페로 허기를 달래고 마을을 떠났다.

숙소로 돌아가는 길, 어느 이름 모를 시골 낡은 주유소에서 오래된 기계에 카드를 꽂고 20유로 주유를 했다. 기분이 찜찜해 정상적으로 결제가 됐나 확인해 봤다. 슬픈 예감은 빗나가지 않는 걸까, 과결제 이벤트가 발생했다.

주유금액에 7배를 넘어 150유로가 찍혀있다. 황당함에 사람을 찾아봤지만 상주 직원은 커녕 마을 사람 한 명 보이지 않는다. 주말이라 전화도 받지 않았다. 어처구니가 없었지만 당장 해결 가능한 일이 아니니 증거만 남겨놓고 자리를 떠났다.
이후에도 다른 주유소에서 같은 일을 한 번 더 겪었다. '프랑스오일포비아'가 생길 것 같다. 다행히도 문의메일 보낸 지 3주 만에 주유회사로부터 회신이 왔고 카드결제 시 보증금액을 포함해 최대 결제금액이 찍히는 자회사 카드결제시스템에 대해 안내받았다. 사실 지금도 무슨 말인진 이해가 안 된다. 마지막 문단에 출금일에 정상금액이 빠져나갈 거라는 문구를 확인하고 나서야 안도할 수 있었다.

혹독한 바람을 피해 대부분의 식사를 집에서 요리해 먹었다. 여행 중 직접 요리를 해 먹는 커다란 기쁨을 발견했다. 니스의 아시아마트에서 사 온 김치로 김치볶음밥을 만들어 먹기도 했다. 장을 볼 때 무엇을 만들어 먹을지 고민하는 것이 즐겁다. 오늘은 가지가 좋아 보였다. 집에 돌아와 가지 솥밥에 된장국을 끓였다. 마리네이드 대구살 스테이크는 여행 오기 전엔 생각도 못해본 요리다. 된장 버터에 재운 양고기 오븐요리는 풍미가 넘쳤다. 상상했던 음식을 직접 요리하고 함께 나누면서 여행의 새로운 즐거움을 찾았다. 커다란 행복은 일상 어디에나 있었다.

식사를 마친 다음에는 해지는 들판을 걸었다. 그동안에 여정들을 회상하고 느낀 점들, 좋았던 것, 힘들었던 일, 일상에 대한 그리움들을 이야기하며 시간을 보냈다.

어느새 아를을 떠날 때가 왔다. 더없이 행복한 시간들로 가득했다. 칼바람에 지쳐 한 곳에서 가만히 있지 못한 아쉬움도 남았지만 그래도 괜찮다. 우리는 여행자다. 모든 것을 바라는 대로 다 할 순 없다. 이것 또한 그동안 숨 가쁘게 달려온 우리에게 잠시 쉬었다 가라는 선물로 받아들였다.

아를을 떠나 엑상프로방스로 가는 길, 'Aix-en-Provence'에 'Aix'가 교통의 중심을 상징하는 프로방스의 축을 뜻하는 게 아닐까 이야기를 나눴다. 실제로 지도를 보면 엑상프로방스를 중심으로 방사형의 도로가 프로방스 전 지역을 향해 뻗어있는 것을 알 수 있다.

떠나는 길에 론강의 끝, 바다와 만나는 하구역에 길이 약 7km의 해안사구와 해변이 펼쳐진 나폴레옹 플라쥬에 잠시 들렀다. 조밀한 모래가 단단히 쌓여있어서 해변을 차로도 운전이 가능하다. 지중해 바다를 옆에 두고 해변 위를 달렸다. 사람을 거의 찾아볼 수 없던 한적한 공간에 차를 세우고 조용한 바다를 보며 느린 시간을 보냈다.

다시 길을 떠나 다음 숙소로 향했다. 이름 모를 몇 개의 마을과 호수를 지나 엑상프로방스 중심지에서 30분 거리에 떨어진 작고 예쁜 마을 쌩까냐(Saint-cannat)에 도착했다.

흙빛에 단출하고 아담한 집들과 큼지막한 호박돌 돌담이 이어져 마을을 이룬다. 중심가에는 작은 마트 하나, 오래된 과일 야채가게 하나, 호탕한 아저씨가 운영하는 정육점 하나, 젠틀한 종업원과 바게트가 맛있던 제과점 둘, 세

개의 카페가 있다. 전체를 다 돌아도 30분이 채 안 걸리는 정겨운 마을이다. 숙소는 마을 외곽 페르시안 혼혈로 보이는 젊은 부부와 도도한 검은 고양이가 사는 아담한 집이다. 지역 양조장에서 생산한 로제 와인으로 우릴 반겨줬다. 깔끔한 인테리어로 꾸며진 집에는 필요한 모든 것들이 잘 갖춰져 있다.

숙소 이용과 관련된 주의사항, 주변 볼거리, 여행 이야기 등 약간의 대화를 나누고 뒤돌아서는 그녀에게 어줍잖은 발음으로 "메흑시(Merci, 고마워)"라고 외쳤다. 순간 그녀는 우아한 턴과 함께 "어흐브와(Au revoir, 또 봐)"라고 환하게 응해줬다. 아주 잠깐 시간이 멈춘 듯했다. 그녀의 우아한 매너는 감히 따라 할 수 조차 없을 것만 같았다. 다들 왜 프랑스어를 배우려는지 알 것 같다. 긴 여운이 머릿속을 떠나지 않아 한동안 곱씹었다.

다음날 엑상프로방스에 도착했다. 이제와 부끄러운 고백이지만 사실 이곳에 특별한 목적을 갖고 온 게 아니다. 그냥 어감이 좋고 지정학적 위치를 봤을 때 '뭐라도 있겠지'란 무지하고 근거 없는 확신을 갖고 왔다. 오랜만에 도시로 나오니 좁은 도로와 비싼 주차비, 밀집한 주차환경에 긴장된다. 주차할 곳 마저 찾기 힘들다. 결국 구글을 뒤적거려 시 외곽에 그나마 제일 저렴한 공영주차장을 찾았다. 주변을 둘러보니 운 좋게도 바로 근처에 폴 세잔의 집 이정표를 발견했다. 고민 없이 언덕을 올라 도시가 내려다 보이는 작고 아담한 세잔의 집을 방문했다.
내부에는 그가 생전에 작업했던 화실을 볼 수 있었다. 화구들과 꽃, 각종 과일들, 특히 세 개의 해골 등 평소 그가 그리던 정물들이 함께 진열되어 있다. 엄숙한 분위기가 공간을 채운다. 미술 쪽으론 무지한 탓에 얕은 지식의 창으로 이 공간을 바라봤지만 전공자거나 세잔의 그림을 사랑하는 사람에게는 성지일 것 같다.
하나 인상적인 점은 화실을 제외한 집안 전체가 화려한 붉은색의 페인트를 칠했다. 되려 화실이 회색 빛으로 칠해져 죽어있는 공간 같은 느낌마저 들었다. 모순 같았다. 살아있는 듯한 색채로 빛을 발하는 명화들이 탄생한 공간이 죽어있는 느낌이라니. 알고 보니 이유가 있었다. 세잔은 작업할 때 벽에 반사된 햇빛이 색채에 간섭하는 것을 극도로 견딜 수가 없어서 온 공간을 회색으로 채웠다고 한다. 흥미로웠다. 사진에 화이트 밸런스의 기준점이 회색인 것도 비슷한 이치에서 나온 게 아닐까 잠시 생각했다.

세잔이 좋아했던 공간, 저 멀리 생트빅투아르 산이 보이는 '화가의 언덕'을 올랐다. 언덕을 향해 길을 오르던 중 어느 중년의 부부가 우리에게 말을 건넸다. 베를린에서 온 그 부부는 독일 사람 아니랄까 봐 제일 먼저 직업부터 묻는다. 그는 에너지 무역을 관리하는 꽤 고위직의 인사였다. 한때 나는 연구원이었지만 지금은 여행가다. 긴 여행을 떠나 여기에 오기까지 여행 이야기를 들려줬다. 길 위에서 꽤 오랜 시간 대화를 나눴다. 그는 빠른 걸음으로 먼저 화가의 언덕을 올랐다. 뒤늦게 화가의 언덕에 도착했을 때 내려오는 그들과 다시 마주쳤다. 나는 그들에게 마지막 인사말을 전했다. "당신이 만약 나에게 여행했던 곳 중 어디에 살고 싶냐고 물어보면 나는 주저하지 않고 베를린이라고 답할 거야, 그곳은 우리에게 너무 특별했어"

베를린은 지금도 아쉽고 그립다.

지수는 그동안 우리가 너무 시골 동네 위주로만 여행한 거 같다고 대도시를 보고 싶어 했다. 생까냣에서 남쪽으로 약 1시간 30분 거리에는 지단의 도시 마르세유가 있다. 달리는 도로 위, 지수는 마르세유에 뭐가 있는지 묻는다. 나는 주저 없이 답했다.

"마르세유 턴", "그게 뭐야?", "있어, 지단의 근본"
"그게 뭐야..."

실없는 농담을 던지다 보니 금세 도착했다. 첫 관문부터 운전 난이도가 지옥이다. 그 어떤 도시들보다 압도적이다. 온 도시가 오르내리는 높고 가파른 언덕인 데다가 빼곡하게 집들이 모여있다. 도로는 전부 1차선 일방통행에 그마저도 양 옆에는 자동차와 오토바이가 점령했다. 깻잎 한 장 차이로 운전을 해야만 한다. 압박감에 스트레스가 밀려온다. 지단은 이런 곳에서 공놀이를 하면서 축구의 꿈을 키운 것인가. 풀커버 보험을 가입하길 잘했다. 마르세유가 한눈에 보이는 제일 높은 곳, 노트르담 성당에 올라 도시의 360도 파노라마를 둘러봤다. 멀지 않은 바다에 몬테크리스토 백작의 배경이 된 샤토 디프 섬이 보인다. 배를 타기 위해 항구로 내려왔지만 강풍으로 결항이다. 대신 오랜만에 대도시의 쇼핑거리를 걸었다.
어느 옷가게를 구경 중, 시야 가장자리에 우릴 보며 수군거리는 10대 소녀들이 보였다. 요즘 K-pop이 워낙 유명하니 한국인을 보고 반가워하나 보다 싶었다. 그들은 생각보다 꽤 한참을 따라왔다. 잠시 멈춰 섰을 때, 우리에게 스타일이 너무 좋다며 말을 걸었다. 예상치 못한 상황에 당황해서 뭐라 말해야 할지 몰라 어버버했다.

이쁘고 잘생긴 거랑은 거리가 먼 사람들인데. 하물며 이런 얘기를 들어본 적도 없고 옷을 그렇게 잘 입는다고 생각한 적도 없다. 아마도 프랑스인들과는 조금은 다른 옷차림과 K-pop효과를 본 게 아닐까. 고맙다는 짧은 소감과 약간에 대화를 나눴다. 한 소녀가 서투른 말투로 또박또박 "예쁘다"라고 한국말로 지수를 칭찬했다. 웃음이 터졌다. 여행지에서 우리나라 말로 칭찬받다니, 생각지도 못했다. 정말 고마웠다. 답례로 "메흐시 부끄(Merci beaucoup, 정말 감사합니다.)" 라고 인사하고 자리를 떠났다.

쌩까냣에서 우리의 4번째 결혼기념일을 조촐하게 기념했다. 아침 일찍 정육점에 가서 오늘 결혼기념일이니까 안심을 큼지막하게 썰어달라고 부탁했다. 아저씨가 호탕하게 웃으신다. 고기를 투박한 종이에 싸주는 것도 정겹다. 아껴뒀던 로컬 로제와인과 함께 식사를 하고 짧게 기념사진을 찍었다. 밤거리를 걸으면서 그동안 만났던 인연들과 나눴던 이야기들을 다시 한번 회상했다. 호스트의 진한 여운을 남긴 '어흐브와', 엑상프로방스에서 만난 독일인 부부와의 여행 이야기, 마르세유 10대 소녀들의 '예쁘다'. 너무나 친절했던 그들의 매너에 우리가 충분히 교감을 나누지 못한 것 같다. 조금 더 적극적으로 풍성하게 표현할 걸. 못다 한 말들을 생각하며 후회와 기쁨을 함께 느꼈다.

하늘은 붉게 물들었고 느릿하게 저무는 노을빛이 마을의 밤거리로 진하게 스며들었다.

Bandol

8.4. - 11.4.2022
p.150 - 153

흩날리는 하늘, 반돌

　　여행정보가 넘쳐나는 시대에 살고 있다. 역사, 문화, 예술, 음식 등 각자의 취향에 따라 잘 짜여진 여행코스를 핸드폰만 열어도 쉽게 찾을 수 있다. 정제된 정보에 의존하지 않기로 했다. 조금 더 날 것의 여행을 원했다. 지도를 열어 이리저리 손가락을 굴리다 보니 진흙 점토가 뭉개진 듯 구불거리는 산맥이 재밌어 보인다.

'여긴 뭐하는 곳 일까', 어떤 것이 나타날지 예상하지 않기로 했다. 그저 순수한 호기심에 따르기로 하자.

　　생까냐에서 반돌로 가는 길, 셍뜨뽐므자연공원에 들어왔다. 길은 오직 하나, 우리의 주변엔 오로지 산 밖에 없다. 점심은 멕시칸 음식점에서 해결했다. 선택의 여지가 없는 유일한 식당. 다들 어디에 있었던 걸까, 하나둘씩 사람들이 들어왔다. 걸쭉한 목소리의 주인아주머니가 호탕한 웃음과 농담으로 가게를 지배한다.

　　구불구불한 산길을 따라 올랐다. 맞은편에서 차가 내려오지 않기를 간절히 기도했다. 돌릴 곳도 피할 곳도 없다. 어느새 숲을 벗어나 나무들이 내 키만큼 낮아졌다. 잠시 차를 세우고 뒤를 돌아봤다. 먼 길을 떠나 여기까지 왔구나, 새삼 실감이 난다. 하늘과 맞닿은 곳에 거대한 산맥이 파도처럼 물결친다. 산 아래 드넓은 들판에는 거센 바람에 살아남은 키 작은 숲이 산을 떠받친다. "믿기지 않는 풍경이야" 탄성이 저절로 나왔다.

　　잠시 마을을 걸었다. 낡은 교회 하나, 문 닫은 식당 하나, 주택 몇 개가 고작 전부인 마을. 혹자는 여기에 뭐 볼 게 있냐고 물을 수도 있다. 원하는 목적이 뚜렷한 여행이라면 그럴 수 있다. 우리는 계획과 성취에 길들여져 있으니까. 이 익숙함을 벗겨내는 중이다. 중요한 건 순수한 호기심과 과정이다. 예상치 못한 풍경을 마주하게 되는 순간, 여행은 보다 더 풍요로워진다.

　　산아래 하늘과 가장 가까운 마을 히부(Rivoux)에서 바람을 피해 잠시 머무르며 우리가 여행하는 방식에 대해 확신을 갖고 내려왔다.

　　자연공원을 넘고 몇 개의 마을을 지나 크고 작은 별장들이 숲 사이사이에 모여있는 조용한 도시, 남부 프랑스의 휴양지인 반돌에 왔다. 숙소는 도시 외곽 작고 예쁜 노천탕이 있는 마을. 이곳에 며칠간 머무르며 다음 여행지를 찾는 시간을 가졌다.

모진 바닷바람이 시종일관 거칠게 불어닥쳤다. 높은 파도가 해변을 향해 쉴 새 없이 몰려와 바다를 따라 걷기 쉽지 않았다.

근처 지중해 음식점으로 대피했다. 예약 외 손님이 나타나 당황한 듯하다. 잠시 기다리라는 말과 함께 얼마 지나지 않아 좋은 자리를 안내해준다. 운이 좋았다. 종업원은 수준 높은 매너를 갖추고 메뉴 안내와 함께 오늘의 식재료가 진열된 쇼케이스를 보여줬다. 지중해 앞바다에서 갓 잡은 생선들이 가지런히 놓여있다. 대구, 도미, 황열기 익숙한 생선들이 보인다. 그중 광어와 아귀가 섞인 듯 험상궂은 생선을 추천받았다. 이름은 존도리. 어딘가 익숙한 이름이다. 마셰코에서 나온 달고기 요리가 문득 떠올랐다. 찾아보니 존도리의 국명이 달고기다. 정말 궁금했던 식재료였는데 뜻밖에 장소에서 먹게 될 줄이야. 설렜다. 두 가지 조리법을 설명받았다. 그릴구이와 버터에 졸인 지중해식 조리. 당연히 후자를 택했다. 전식은 지중해식 홍합요리와 붉은 오징어 튀김. 오랜만에 먹는 개운한 국물과 익숙한 맛이다. 화이트 와인은 기본적으로 늘 함께했다. 곧 메인 요리가 나왔고 종업원은 존도리의 뼈를 능숙히 발라낸다. 가장자리 뼈마디에 붙은 작은 살까지 세심히 골라내 줘서 고마웠다.

탱글한 질감에 흰 살 생선의 담백함과 버터와 올리브의 풍미가 입 안에 가득했다. 마무리는 레몬 소르벳. 새콤한 얼음 알갱이들로 입안을 깔끔하게 정리했다. 만족스러운 식사다.
계산을 하니 뒤에 진열된 술 중에 아무거나 한 잔 고르라고 한다. 서비스라고. 술을 서비스로 받기는 처음이다. 두번 설렜다. 고민할 틈도 없이 라가불린 16yrs을 선택. 우리 때문에 직원 두 명이 카운터에 묶여있는 것 같아서 잽싸게 털어 넣었다. '아니 이걸? 이렇게 빨리?' 직원들이 놀란 눈으로 쳐다본다. 쿨하게 웃으면서 퇴장했다. 술쟁이로 생각하진 않겠지.

기분 좋게 술에 취해 마을 안 작은 해변가에서 바람을 등지고 앉았다. 바닷가에는 예쁜 돌멩이들이 많다. 밤이 되자 바람이 멎었다. 마을 밖을 벗어나 길게 뻗은 해변을 따라 중심가를 향해 걸어갔다. 거센 바람에 흩날린 구름들이 고스란히 하늘을 그렸고 드셌던 파도는 고요해졌다. 비바람에 시달리던 여행에 대한 보상인 걸까. 모든 것이 풍요롭다. 지는 해를 뒤로 집으로 돌아가는 길, 좋았던 기억들과 힘들었던 순간들에 대해 이야기를 나눴다. 뒤돌아보니 모두 다 희극이다.

"앞으로도 마냥 즐겁지만은 않을 거야, 여행은 원래 그런 거 같아", "분명 뒤돌아 보면 다 좋아 보일 걸?"
노을 너머로 모든 감정들이 함께 사라지고 평온함이 남았다.

Grasse

11.4. - 15.4.2022
p.154 - 163

향수의 시작, 그라쎄

반돌을 떠나기 전 근처에 작은 마을 꺄시스에 들렀다. 꺄시스의 작은 해변 플라쥬 드 아이아흐네(Plage de l'Arene)는 높고 가파른 산과 숲 속에 둘러싸인 보석 같은 해변이다. 옷을 벗고 부유목을 등받이 삼아 바다를 향해 누웠다. 평화롭다. 어떠한 표현이나 감상도 필요 없었다. 지금 주어진 조용한 시간에 머물렀다.

꽤 오랜 시간이 지났다. 짐을 챙기고 일어나 돌아섰을 때 놀라지 않을 수 없었다. 실오라기 하나 걸치지 않은 전라의 부부가 위풍당당한 자태로 햇볕을 쬐고 있다.
'뭐야, 어떻게 해야 해. 괜찮은 거 맞아?' 순간 머릿속이 쌔-하얘졌다. 이미 눈이 마주친 이상 피할 순 없다. 아무렇지 않은 척, 무표정하기 위해 애썼다. 천천히 시선을 돌리며 걸음을 옮겼고 그들의 매너는 끝까지 꼿꼿했다.

그들과 멀어지고 나서야 놀란 가슴을 쓸어내렸다.
'졌다... 멋있다...'

프로방스를 떠나 깐에서 북쪽으로 1시간 30분, 꼬뜨 다 쥐르 지방에 속해있는 근대 향수의 시작점인 그라쎄를 마지막 남부 프랑스 여행지로 정했다. 영화 '향수'의 배경이기도 한 그라쎄는 채도가 낮은 흙집들이 산 능성이에 옹기종기 모여있는 제법 큰 규모의 아름다운 도시다.

그라쎄에는 오랜 세월 동안 명맥을 이어온 전통 있는 두 향수 가게, 프라그나드와 몰리나드가 있다. 그중에 프라그나드는 가방, 의류, 굿즈 등 다양한 사업으로 확장해 이곳 꼬뜨 다 쥐르 지방 전체에 지배적으로 자리를 잡고 있을 정도로 규모가 크다. 이곳에 머무는 동안 두 가게를 번갈아 방문해 다양한 향수를 시향하며 시간을 보냈다. 두 브랜드를 포함한 그라쎄 향수들은 최소한의 재료를 사용해 원재료의 향을 최대한 살리는 브랜딩으로 보다 더 직관적인 향을 품고 있다.

또 하나의 이 도시에 자랑, 7대가 가업을 이어온 모울린 오피오라는 올리브밀이 있다. 이곳에서는 그린, 레드 올리브 등 다양한 품종의 올리브와 향신료들을 조합한 고품질의 식료품을 생산, 판매하고 있다. 이곳 주민들은 이 올리브 밀에 굉장한 자부심을 갖고 있었다.

숙소는 평화롭고 아름다웠다. 우리는 그들의 첫 게스트였다. 고풍스러운 계단식 3단 별장에는 앞 뒤로 넓은 정원이 잘 가꿔져 있다. 2층에는 아담하고 예쁜 수영장이 있고 오래된 가구들은 집과 잘 어울렸다.

테이블 위에는 프라그나드 기념품과 모울린 오피오의 올리브로 우릴 환영했다. 배키와 미, 사랑스러운 두 고양이들과 함께 수영장에서 볕을 쬐면 시간이 훌쩍 간다. 파스타를 만들어 정원에 나와 먹기도 했다. 마치 이곳에 사는 것 같은 기분마저 들었다.

젊은 호스트 부부는 행복해 보였다. 아침에는 아내가 아이를 어린이집에 보내고 출근을 한다. 남편은 집에서 일을 보고 오후 2시쯤 운동을 하러 나온다. 그리고 오후 4시가 되면 남편이 아이를 데리러 나간다. 매일같이 흐트러짐 없다. “처음으로 부러움을 느꼈어” 지수에게 말했다. 수영장과 정원이 딸린 예쁜 집과 화목한 가족들 그리고 그것을 유지할 수 있는 능력, 넉넉한 마음 씀씀이까지. 그들의 여유와 행복은 지금도 사라지지 않는 짙은 잔향으로 남았다. 이들을 보면서 취향이 묻어나는 공간을 만들고 싶은 욕심이 났다. 소모임을 할 수 있는 살롱과 손님방 하나, 그리고 작은 텃밭정원이 있으면 좋겠다. 이번에도 10년 안에 이룰 수 있을 거다. 긴 여행의 꿈을 이루고 우리만에 공간을 꿈꾸기 시작했다.

Nice

15.4. - 18.4.2022
p.164 - 174

니스의 밤

정들었던 그라쎄에 작은 감사의 편지를 남기고 다시 돌아간다. 이제 마지막 여행지인 아일랜드를 앞두고 있다.

니스로 가는 길, 그동안 떠나왔던 도시들을 추억했다. 아를의 타오르는 하늘, 프로방스의 거친 바람, 반돌의 빛나는 바다, 그라쎄의 향수, 그리고 니스의 따가운 햇살까지 모든 것들이 아름답고 소중히 새겨졌다.

제일 먼저 마티제 미술관의 전시를 봤다. 마티제는 천진난만하게 종이를 오려 붙인 새를 형상화한 오브제로 잘 알려진 예술가다. 아마도 어린아이가 순수함을 그대로 갖고 어른이 되면 저런 예술이 탄생하지 않을까. 긴 여행 끝에 다시 그림들을 보니 이전엔 보지 못한 많은 것들이 다가왔다. 반짝이는 올리브 잎, 서늘한 바람이 부는 초원, 흙빛의 소담한 집들, 햇빛이 부서지는 눈부신 피부. 이제야 그들이 무엇을 보았고 왜 그런 색을 썼는지 와닿는다.

가본 적 없는 길들을 산책했다. 오래된 시장거리 골목 구석에서 아르헨티나 식당을 발견했다. 전부터 엠파나다가 궁금했는데 여기서 만나다니. 참치, 소고기로 속을 채운 구운 만두 같다. 와인과 폭찹으로 점심을 해결하니 저녁은 안 먹어도 될 것 같다. 골목길 끝에 광장에 사람이 붐빈다. 오늘이 부활절이구나. 광장에는 성당의 종소리가 가득 찼다. 훌리하다.

니스의 바다는 특별하다. 그냥 누워만 있어도 다 좋았다. 남부여행 내내 다시 돌아오는 날을 기대했다. 이번엔 눕는데 그치지 않고 바다에 몸을 던졌다. 햇빛은 따갑고 바다는 차갑다. 젖은 몸이 말라 따뜻해지면 다시 바다로 뛰어들기를 반복했다. 지수는 해변에 누워 바라만 봤다. 옆에 있던 소녀 둘도 똑같이 한 명은 바다로 뛰어들고 한 명은 앉아만 있다. 바다에서 나온 소녀와 나의 눈이 마주쳤을 때 서로를 향해 엄지를 치켜세웠다.

니스의 밤거리를 걸었다. 오렌지색 텅스텐 불빛 아래 사람들은 각자의 영화를 찍고 있다. 이렇게 드라마틱한 바다를 이전에는 본 적이 없다. 지수에게 물었다.

"누가 만약 다녀온 도시 중 딱 세 곳만 골라달라고 하면 어디를 고를 거야?", "글쎄 너무 어려운데, 다 좋았잖아", "그래도 굳이 꼽자면?"

"베를린, 아를, 니스", "나도 그래"

Dublin

18.4. - 20.4.2022
p.175 - 188

대지와의 첫 만남, 러프브레이

아일랜드 더블린에 도착했다. 곧장 미리 예약해 둔 차를 인수하러 갔다. 이번엔 꼬임에 흔들리지 말아야지. 약간에 긴장감을 안고 카운터에 섰다. 걸쭉한 억양에 붉은 머리 아저씨. 정확하게 예약한 대로 안내해 준다. 에어컨과 네비가 없는 깡통차. 옵션이 붙으면 가격이 배로 뛰어 애초에 선택의 여지가 없다. 그대로 가자. 아일랜드 땅에 첫 발을 디뎠다. 처음 몰아보는 우핸들 좌측통행 운전이 어색했지만 익숙해지기까진 1시간이 안 걸렸다.

아일랜드 여행을 하다 보면 자동차 뒷 창에 큼지막한 빨간 글씨로 L 또는 N, 아니면 둘 다 붙인 차들을 쉽게 볼 수 있다. 초보운전, 동승자 동반 운전 가능한 차를 의미한다. 스티커는 특별한 사고 없이 2년 동안 붙이고 다녀야 마크를 뗄 수 있다. 그래서일까 아일랜드에서는 단 한 번도 난폭운전자를 본 적 없다. 모두들 하나같이 교통규범을 준수하고 안전운전을 한다. 심지어 파란불에 출발이 늦어도 경적 한번 누르지 않고 기다려준다. 프랑스에서도 그렇고 우리나라에선 상상 못 할 일이다.

더블린을 벗어나 교외지역인 탈라트에 숙소를 잡았다. 첫 번째 여행지인 딩글에 가기 전 여독도 풀 겸 이곳에서 며칠 쉬었다 간다. 이미 여행 전에 지도를 샅샅이 훑어서 재밌어 보이는 곳마다 깃발을 꽂아뒀다. 탈라트 근처에는 '러프브레이(Lough bray)'라는 트래킹 코스가 있다. 온전한 하루를 보내는 날, 첫 트래킹을 향해 떠났다. 도시를 벗어나 오솔길을 가로질렀다. 언덕을 넘는 순간, 규모를 가늠할 수 없는 대지가 눈앞에 펼쳐진다. 거대하다. 보고도 믿을 수 없는 풍경에 입을 다물지 못했다. "우와, 말도 안 돼" 우리가 할 수 있는 말은 그게 전부였다. 100m도 못 가서 차를 계속 세우고 사진을 찍었다. 시종일관 변하는 풍경을 놓치고 싶지 않았다. 목적지까지는 30분밖에 안 남았지만 이대로는 하루를 다 써도 모자랄 것 같다. 들뜬 마음을 진정하고 카메라를 접어 곧장 목적지로 향했다.

러프브레이에 도착했다. 감당할 수 없는 규모의 풍경이 압도한다. 풀들은 켜켜이 쌓여 물을 머금고 질척거리는 흙이 됐다. 이것들이 모여 대지를 이뤘고 끝 모를 넓은 들판 위에 커다란 산맥을 우뚝 솟아올렸다. 그 가운데에는 길고 넓은 호수가 샘솟는다.

마치 처음 땅을 밟아 본 것 만 같다. 호수를 향해 꽤 긴 거리를 걸었지만 산맥은 가까워지는지 모를 만큼 처음부터 거대한 자태로 우리를 기다렸다. 여행 시작부터 이렇게 압도당하면 앞으로는 어떻게 받아들여야 할지 상상조차 할 수 없었다. 이곳에 서있는 현실이 실감 나지 않았다. 나의 눈은 산과 높은 빌딩으로 둘러싸인 환경에 익숙했다. 모든 것들로부터 거스름 없는 대지는 기존에 내가 갖고 있던 상식으로는 있을 수 없는 곳이다. 본 적 없는 이 땅에 어떻게 반응해야 할지 조차 모르겠다. 이해할 수 없으니 있는 그대로 받아들일 수밖에. 걷잡을 수 없는 벅찬 감정이 밀려온다.

두터운 이끼 숲을 지나 머스커리레이크로

딩글로 가는 길, 고속도로를 타고 곧장 갈 수도 있었지만 미리 봐 둔 트래킹 포인트를 찾아 조금 돌아갔다. 몇 개의 마을과 끝 모를 초원을 가로질러 중간 길녘, 머스커리레이크에 도착했다.

낙우송 숲 아래에는 낙엽이 잘게 잘게 쪼개져 오랜 세월 두텁게 쌓였다. 50cm ~ 1m쯤 될까?(우리나라에서는 1cm도 보기 힘들다.) 그 위로 이끼가 뒤덮여 땅이 축축하다. 이탄층은 수분과 공기를 머금고 있어 밟을 때마다 숨 쉬듯이 들썩거렸다. 빛이 숲으로 들어온다. 나무 사이로 비친 햇살이 그늘진 토양을 비춰 신비로운 분위기가 감돈다.

숲을 지나 정상으로 오르는 몇 개의 갈림길이 나왔다. 잘 닦인 길을 거르고 사람의 발길이 거의 닿지 않은 덤불숲길을 헤쳐 올랐다. 발 밑에는 습기를 간직한 풀들이 질척거린다. 뱀이 나와도 이상하지 않을 것 같다. 조금 무서워지기 시작했다. 동시에 가슴이 두근거린다. 야생의 위험이 도사리는 거친 땅을 탐험하고 있다.
마침내 숲을 벗어났다. 나무 펜스를 지나 언덕을 오르니 광대한 초원이 펼쳐졌다. 저 멀리 두 눈으로도 담기 힘든 육중한 대지가 속살을 장엄하게 드러냈다. 얼마나 많은 시간이 흘러 여기까지 왔을까. 얼마만큼의 퇴적과 융기, 침강을 반복해야만 이런 땅이 솟아오르는지 미미한 생을 살다가는 나로선 헤아릴 수 없었다. 바람에 맞서서 힘겹게 산을 올랐다. 저 멀리 산 아래 땅 속 깊은 곳에서부터 샘솟은 호수의 물이 넘쳐흐른다. 길 옆에는 산에서부터 내려오는 수 백개의 실가닥같은 시냇물이 흐른다.

호수에서 흘러나온 물과 실개천들이 모여 하천을 이뤘다. 물은 낮은 곳을 찾아 계속 흐르고 주변에 흙을 함께 싣고 내려간다. 부유하는 알갱이들은 저 아래 평야에 쌓이거나 바다로 간다. 붕적과 충적, 깎이고 쌓임이 반복되는 순환의 연속. 보이지 않는 생태적 균형에 희열을 느꼈다. 침식과 퇴적이 반복된 땅에는 힘이 있다. 많은 생물들이 그곳에서 먹이를 먹고 숨을 곳을 찾는다. 저 멀리 눈꽃송이처럼 보이는 하얗고 동글동글한 점들이 보였다. 뭘까 저건. 정상 근처 길 가장자리에서 양들을 만나고 나서야 그것들이 풀을 뜯어먹는 양들이란 것을 알아챘다.

바람에 저항해 오르기는 쉽지 않았다. 이미 먼 곳부터 크기를 가늠할 수 없던 거대한 산으론 목적지에 가까워지는지 알 수 없었다. 오직 눈앞에 보이는 길과 양들을 지표삼아 정상과 가까워지고 있음을 짐작할 뿐이다. 뒤돌아보면 저 멀리 광활한 평야만이 '먼 곳에서 떠나 여기까지 왔어'라고 말해준다. 두 발을 땅에 딛고 서있는 지금의 시간이 선명해진다. 정상에 올랐다. 거대한 땅이 우릴 둘러싸고 있다. 감당할 수 없는 풍경에 흥분된 마음을 감추지 못했다.
정신없이 카메라 셔터를 눌렀지만 내 실력으로는 도무지 이 웅장함을 표현할 방법을 모르겠다. 결국 카메라를 내려놨다. 정면에 마주하고 그냥 앉아 지금 느끼는 감정을 있는 그대로 받아들이자. 감당할 수 없는 웅장함, 압도적이지만 위협적이지 않다. 왠지 모를 따뜻함이 느껴졌다. 순응, 지금 느끼는 이 커다란 감정은 순응이었다. 대자연이 주는 경외감에 저항하지 않고 마음을 풀자 땅의 고동이 울렸다.

Dingle

20.4. - 25.4.2022
p.189 - 205

자연과 인간의 적정거리, 딩글돌핀투어

더블린에서 서남쪽 끝자락, 차로 약 4시간을 달려 항구마을 딩글에 도착했다. 우리나라로 치면 목포쯤 될까. 원래 이곳은 계획에 없었지만 니스에 어느 카페 매니저에게 딩글을 적극적으로 추천받았다. 전체 여행 동선이 너무 벌어져서 조심스러웠지만 아일랜드 출신인 그의 말을 믿고 무리해서라도 일정에 넣었다. 이제와 생각하니 딩글에 다녀오길 정말 잘했다.

비가 추적추적 내린다. 우중충한 하늘 아래 깎아내리는 깊은 절벽을 따라 이어진 해안도로 풍경이 제일 먼저 우리를 환영했다. 딩글을 지나쳐 길을 따라 올라가 20분 정도 떨어진 숙소, 어퍼컬케인으로 향했다. 거대한 브랜던 산을 등에 지고 양떼 목장 초원이 저 멀리 대서양 바다를 향해 펼쳐진 아름다운 촌락이다. 호스트의 열렬한 환영과 함께 할아버지 집 같은 친숙한 숙소를 안내받았다. 긴 이동에 피로가 쌓여 일찍 잠들었다. 밤새 거센 폭풍우가 휘몰아쳤다. 집이 날아가는 줄 알았지만 무겁게 눌린 피곤함에 곧 다시 잠들었다. 날이 밝으니 언제 그랬냐는 듯 짙고 낮은 안개가 자욱하게 깔리고 고요함만이 남았다.

딩글은 작은 부둣가를 갖고 있는 항구마을이다. 마을에는 3층을 넘지 않는 작고 아담한 건물들이 알록달록한 톤 컬러를 칠하고 옹기종기 모여있다. 이토록 화려한 색채를 가지게 된 이유는 뱃사람들이 집으로 돌아올 때 바다 저 멀리서부터 자기 집을 잘 찾기 위해서다. 그들의 색채는 이제 마을의 얼굴이 되었고 형형색색의 아름다운 항구마을, 딩글을 완성했다.

첫 식사는 역시 아이리쉬 소울푸드, 피쉬앤칩스다. 잘 갖춰진 가게보다는 노상 푸드트럭을 찾았다. 시크한 젊은 청년에게 피쉬앤칩스 두 개를 주문했다. 이미 여러 채널을 통해 밈이 생길 정도로 흔한 메뉴지만 갓 잡은 흰살생선 필렛으로 튀긴 튀김과 감자칩은 기름지고 담백한 맛이 조화롭다. 결코 무시할 수 없는 요리다. 문제는 어딜 가도 피쉬앤칩스 밖에 없는 것이 문제.

딩글은 작지만 모든 것이 넉넉하게 잘 갖춰졌다. 양모직조가게, B&B를 함께 운영하는 레스토랑, 대형 직거래 마트, 아이스크림가게, 레코드샵, 양조장 등등 필요한 모든 것이 다 있다. 그 중 특히 작은 펍을 찾아다니길 좋아했다. 지역 위스키 딩글을 포함한, 킬베건, 틸링, 레드브레스트 등 우리나라에선 쉽게 접하기 힘든 아이리쉬 위스키를 섭렵했다. 매일을 기분 좋게 취했다. 양떼 목장을 크게 돌아 산책하다 보면 금세 술이 깬다. 해가 질 때면 저 멀리 대서양으로 떨어지는 석양을 보며 딩글의 시간을 즐겼다.

1983년, 야생 돌고래 무리 중 한 마리가 무리에서 이탈해 딩글 앞바다에 출현했다. 딩글 어민들은 그 돌고래에게 푼기(Fungie)라는 이름을 지어줬다. 오랜 시간 동안 교감을 나누다 보니 어느새 딩글의 명물이 되었다. 푼기는 우리가 딩글에 오기 2년 전까지 약 40년간 많은 사랑을 받아왔다.

그로부터 현재에 이르러 딩글의 돌고래 투어는 3~4가지 프로그램으로 구성돼 관광객들의 수요에 맞춰 다양한 체험이 가능하다. 한 가지 주목할만한 점은 매주 토요일 오후 2시경부터 1~2시간 정도의 시간 동안 제한된 인원수만 예약제로 운영을 하고 있다. 이들은 시장논리에서 벗어나 이미 오래전부터 푼기와 교감을 나누며 그들의 터전을 존중하는 법을 배웠다. 최소한의 간섭으로 약간의 관광수입을 얻음으로써 자연과 사람 사이의 적정거리를 유지해 지속 가능한 관광을 운영하는 점에 놀랐다.

딩글 주민들은 2020년에 사라진 푼기를 지금도 그리워했다. 그렇다고 40년간 지속된 교감이 사라지진 않는다. 푼기로 시작된 그들의 관계는 남아있는 돌고래 무리가 이어받았다. 지속가능한 딩글 바다는 여전히 진행 중이다.

역동적 생태의 땅, 브랜던벨리

하천생태를 연구하던 시절, 사람의 손길이 닿지 않은 자연하천은 어떤 모습일까 너무 궁금하던 때가 있었다. 산에서 물이 샘솟아 어느 하나 거스름 없이 낮은 곳으로 흐르고 그 주위에 흙을 깎아 바다까지 실어 나르는 하천. 비가 오면 침식과 범람이 반복돼 수시로 바뀌는 물길. 비가 그치면 물길 주변으로 풀이 자라나 질척이는 넓은 초원. 그 안에 다양한 동식물들의 서식처가 생겨나는 순수 자연의 힘으로 작동하는 환경. 글로만 배운 그런 역동적인 풍경이 실존하긴 할까? 이 물음에 대한 답을 사람의 손길이 거의 닿지 않은 태초와 가까운 자연, 브랜던 벨리에서 찾았다.

마을 뒷동산치곤 지나치게 컸다. 나무가 없어서일까. 육중한 속살이 드러난 산은 왠지 더욱 크게 느껴졌다. 그 산을 향해 길을 따라 깊숙이 들어갔다. 거미줄처럼 퍼져 흐르는 물길에 길이 끊겼다. 더 이상 사람이 다니는 길은 보이지 않는다. 질척거리는 땅을 피해 밟기 좋은 땅을 찾아 발걸음을 이리저리 옮겼다. 폭포와 바위들을 이정표 삼아 대자연 속으로 더 깊이 들어갔다. 더 이상 마른땅을 찾을 수 없는 습지대에 들어왔다. 스펀지처럼 한가득 물을 머금은 땅은 어느 곳에 발을 디뎌도 발목까지 물이 차오른다. 습지대를 피해 높은 곳을 찾아야만 했다. 조금만 더 들어가면 산 가장자리에 절벽능선이 있다. 간신히 그곳을 따라 올랐다.

쉼터에 앉아 펼쳐진 풍경을 가만히 들여다봤다. 주변 산맥에 둘러싸인 이곳은 물이 모이는 커다란 물그릇, 하나의 유역이다. 비가 오면 산맥 가장 높은 곳, 분수령에서부터

물이 모여 가장 낮은 곳으로 흐른다. 하천은 차고 넘쳐 주변으로 넓게 퍼져간다. 비가 오면 물이 차오르는 범람원, 사람의 손길이 닿았다면 홍수터라 불렸겠지만 이 땅에서 홍수는 재해가 아니다. 이 것은 생태순환의 위대한 과정이다. 습지대에 고인 물은 작은 동물들의 인큐베이터다. 비가 오면 다시 넘쳐흘러 큰 물줄기를 만나 바다를 향해 이동할 거다. 풀숲에는 양 떼들은 한가로이 풀을 뜯는 거 같지만 어디에 천적이 숨어있을지 몰라 늘 경계한다.

모든 것은 멈춘 듯 역동적으로 살아가고 있다.

브랜던 산 너머에서 커다란 먹구름이 몰려온다. 곧 있으면 비가 올 것 만 같다. 거대한 바위들이 서로 겹겹이 쌓여 비가 와도 잠시 피할 수 있을 것 같아 보였지만 지나쳐 온 질척한 땅에 물이 차오르면 요단강을 건너야 한다. 비가 오기 전에 다시 내려가자.

대서양을 마주한 순간, 브랜던 포인트

브랜던산 너머 대서양을 향해 뻗어나간 산맥의 끝, 브랜던 포인트를 찾아갔다. 구불구불한 산길을 따라올라 고개를 넘었다. 산마루에 구름이 걸려 안개가 자욱하니 한 치 앞도 보이지 않았다. 구름 아래로 조금 내려가니 넓은 대지에 햇빛이 환하게 비춘다.
산 너머 작은 부둣가에 있는 조용한 펍을 찾았다. 그동안 먹어보지 못한 새로운 음식을 먹고 싶었다. 지역 비법 생선요리는 뭘까. 호기심에 주문해 봤지만 역시나 피쉬앤칩스를 벗어나지 못했다.

목적지 주변 주차장에 차를 대고 완만히 솟아오른 커다란 언덕을 올랐다. 언덕 마루에 카우보이 모자를 쓰고 치렁치렁 술을 펄럭이며 내려오는 실루엣이 보인다. 터벅터벅 걸어오는 몸짓에 눈길이 끌려 인사를 던졌다. "나이스 햇!" 아일랜드에 와서 한 가지 배운 점, 눈만 마주치면 인사를 나눈다. 이제는 슬쩍 건네는 인사가 능청스러워졌다.

언덕에 올라섰다. 아득히 펼쳐진 대지가 눈앞에 놓여있다. 마치 땅의 끝에 서있는 것만 같았다. 언덕의 끝자락, 가파른 낭떠러지 앞으로 다가갔다. 대초원의 산능선 사이로 강물이 흘러 대서양으로 뻗어간다. 작디작은 이끼와 풀들이 모여 가늠할 수 없는 땅을 이루고 있다니. 보고도 믿기지 않는다. 이 느낌을 어떻게 전달해야 할까. 얼마만큼의 형용을 하고 과장을 해야만 이 땅을 표현할 수 있을까. 나의 어휘력으로는 방법을 모르겠다. 대지의 맥락을 읽어내는 것으로 지금의 감정을 대신해 본다.

대지는 오랜 세월 축적된 커다란 힘으로 작동해 왔다. 작게는 강물에 의한 침식과 퇴적이, 크게는 대지의 침강과 융기를 반복했다. 그 위로는 풀들이 나고 자라 분해를 거듭해 층층이 쌓아 올랐다. 가끔은 나무도 자라 곤충과 동물들의 집이 되기도 한다. 여기에 유일하게 없는 것은 인간의 간섭이다. 가능한 일일까? 인류의 시간 단위로 가늠할 수 없는 순환의 역사가 쌓여있다. 그 땅 위에 우리가 서있다. 생태계의 숭고함, 그 자체를 느끼면서.

저 땅을 향해 몸을 던지고 싶다. 그래도 될 것 같았다. 뒤로 몇 걸음 물러섰다가 힘껏 뛰어올랐다. 하늘을 향해 팔을 뻗어 허공을 움켜쥐었다. 지수도 겹겹이 입었던 외투들을 벗고 앞에 섰다. 바람이 많이 차가웠지만 아랑곳하지 않았다. 두 팔을 활짝 열어 온몸으로 자연을 받아들였다.
가장자리에 서서 앞에 마주한 것들에 대해 기쁘게 받아들이는 모습에 마음이 일렁인다. 나의 마음도 이 땅과 같이 거스름 없이 흘렀다. 이 감정은 자유였다. 지수가 받아들인 것도, 내가 움켜쥔 것도 그것이었다. 이 쉬운 단어를 그동안 어떻게 잊고 지냈을까. 이 순간 그 자체가 자유였는데.

Clifden

25.4. - 29.4.2022
p.206 - 215

거대한 무한궤도, 코네마라 루프

딩글을 떠나 코네마라를 향해 가는 길, 지도에서 귀여운 이름 하나를 발견했다. 외마디 마을 이름은 좀처럼 보기 드문데 마을 이름이 콩(Cong)이라니 '여긴 도대체 뭘까'. 맑은 물이 넘치듯 흐르고 숲에 둘러 싸인 작은 이 마을에 방문한 계기는 단순한 호기심에서 시작됐다.

콩은 1962년에 개봉한 아카데미 수상작 'The quiet man(국명 : 말없는 사나이)'의 영화 촬영지였다. 주인공의 집, 클락 삼촌의 집 등등, 영화 속 흔적들이 60년 동안 충실하게 유지되어 왔다. 심지어 'The quiet man' 영화 박물관이 작디작은 마을에서 가장 큰 규모를 차지하고 있을 정도로 영화 그 자체의 마을이다.

그 시절 사람이 아니라 그 영화가 얼마나 대단했는지 와닿진 않았지만 이런 작고 조용한 마을 하나가 오랫동안 그 기억들을 유지하는 걸 보니 굉장히 사랑받은 영화였나 보다 미뤄 짐작할 수 있었다.

마을 옆에는 밥 아저씨 그림에 나올 법한 아름다운 풍경에 숲이 있었다. 숲 속을 산책하고 잠시 쉬었다가 다시 코네마라를 향해 떠났다.

작고 조용한 마을 클리프던에 도착했다. 이곳에 머무는 동안 장을 보거나 마을을 구경하며 느긋하게 지냈다. 마을의 크기는 두 블록 정도, 중심거리는 600m가 채 안되는 아주 작은 시골 동네다. 하지만 그동안 거쳐온 그 어떤 도시와 마을보다도 많은 펍과 고가의 편집숍들이 몰려있다. 도대체 사람도 보기 힘든 이 작은 마을에 뭐 볼 게 있어서 이렇게 밀도 높은 번화가가 생겼을까. 해가 지고 펍을 가보니 그 비밀이 풀렸다.

낮에는 다들 어디에 있었던 건지 수많은 미국인들이 밤만 되면 하나둘씩 나타나 펍으로 몰려온다. 실제로 미국인들과 대화해 본건 처음이었다. 인구의 90%가 인싸 기질을 타고난다던 자유의 천조국의 명성은 틀리지 않았다. 등장과 동시에 미국인 아주머니가 모든 이들의 주목을 받으며 소란스럽게 나타났다. 아이리쉬 헌팅캡을 70% 할인가에 샀다며 의기양양하게 자랑한다. 아이리쉬 소울을 장착한 그 무리들은 펍에 온 모든 사람들과 친해질 기세다.

우리는 외딴 마을에 처음 보는 낯선 동양인이라 모두의 관심 대상이었다. 헌팅캡 아주머니는 나와의 대화도 모자란 지 다른 테이블 사람들에게 우리를 소개하며 판을 키웠다. 직업을 묻길래 답을 했을 뿐인데, 어쩌다 자녀가 생물학자라는 것까지 알게 됐을까…의식의 흐름을 따라갈 수없었다. 덕분에 그들의 텐션에 휩쓸려 잊지 못할 아이리쉬 펍의 기억을 새겼다.

아일랜드 최서쪽, 골웨이에서 한 시간 정도 더 들어가면 클리프던을 중심으로 위로는 커다란 산맥이 깊게 뿌리내린 코네마라 국립공원이 있다. 아래로는 스카니브호, 볼라드호를 포함한 셀 수 없는 무수한 습지가 드넓은 평원에 펼쳐져 있다. 이 두 개의 산악지대와 습지대를 둘러싸고 그 주변을 연결하는 거대한 무한궤도의 도로를 일컬어 코네마라 루프라 부른다.

하단의 습지대에는 끝없이 펼쳐진 초원지대 초입부에 핑크웨건 푸드트럭이 눈길을 끈다. 빵 사이에 감자칩 과자를 끼워 먹는 조금은 괴랄한 메뉴가 있지만 대체로 훌륭한 샌드위치를 판매하는 매력적인 곳이다. 과거 비행기 공장이 있던 터를 고스란히 살려 습지대와 어우러진 야외 박물관을 돌고 나왔다. 루프 최하단 작은 반도의 조용하고 평화로운 바다, Dog's beach를 끝으로 하루를 마쳤다.

상단에 거대한 산 외곽을 따라 킬리모어 수도원을 돌아 우측 끝자락 리넌 마을에 들렀다. 아일랜드에 단 세 곳밖에 없는 자연지형인 바다로 이어진 V협곡 - 사회과부도 교과서에서만 보던 - 피요르드를 마주했다. 돌아오는 길, 커다란 코네마라 산을 등지고 드넓게 펼쳐진 초원과 숲을 가로질러 돌아갔다. 문득 지난 여정의 감정들이 하나둘씩 스쳐간다. 가슴 벅차고 좋았던 감정, 슬프고 우울했던 감정들이 녹아들기 시작했다. 양립할 수 없을 것 같던 두개의 감정들이 하나로 융화됐다. 오직 고요함 만이 남은 듯이. 길 위에 잠시 멈춰 서서 이렇게 긴 여행을 할 수 있음에 다시 한번 서로를 감사히 여겼다.

대지의 굴곡을 따라 끝없이 길이 이어졌다. 우리는 그 길을 자유롭게 뛰었다. 저만치 멀리서 걷고 있는 지수의 뒷모습을 바라봤다. 긴 여행을 떠나오는 동안 나로 인해 다치기도 하고 화도 많이 났을 텐데 가벼운 발걸음을 보니 괜스레 맘이 놓였다. 이 순간 지수와 함께라서 행복하다. 온 마음을 다해 헌신할 수 있는 사람이 있음에 감사하다.

2014년, 나는 헌신이 무엇인지 절실히 알게 된 순간이 있었다. 대학원 3학기쯤 봄비가 내리는 날이었다. 날은 우중충했고 때 아닌 형의 전화가 왔다.

"엄마가 많이 아픈 것 같아, 지금 바로 올 수 있어?"

1년 전부터 급격히 몸이 쇠약해진 엄마는 병원을 가도 원인을 찾을 수 없었고 매일을 작은 걸음에도 숨을 헐떡이며 식은땀을 흘렸다. 불안한 마음을 애써 누르며 집에 왔을 때 엄마는 의식을 간신히 붙든 채 몸을 가누지 못하고 있었다. 급히 가까운 병원 응급실을 찾았고 각종 검사를 받으며 하룻밤을 보냈다. 정확한 원인을 찾을 수 없었던 동네 병원은 큰 병원으로 갈 것을 권유했다. 생각할 겨를 없이 응급차를 타고 대학병원으로 향했다.

생사가 오고 가는 응급실에서 내가 할 수 있는 건 없었다. 희미한 의식의 틈으로 내 손을 잡고 있는 엄마를 보곤 아무 일도 아닌 척 태연함을 연기하는 것이 내가 할 수 있는 최선이었다. 또다시 수많은 검사가 반복됐고 마침내 의료

진은 보호자를 찾았다. 내가 가질 수 있는 최대한에 침착함으로 의사를 마주했다. 보호자 신분으로서 진단명과 병환의 진척 수준, 수술방법과 생존확률에 대해 설명을 들었다. 각종 위험부담에 대한 책임 서명과 수술 진행 여부가 내 결정에 달렸다. 잠시 눈을 감았다 떴다. 그리곤 어머니라는 존재가 언제든지 떠날 수 있는, 영원할 수 없다는 현실을 받아들였다. 수술 동의를 한 다음 저린 마음을 붙잡고 엄마를 찾았다.

"엄마 죽는대?", "아녜요. 엄마 별거 아니래요", "엄마 어디가 아프대?", "…"

의사에게 들었던 진단명과 수술방법을 차마 얘기할 수 없었다. 가슴을 열고 심장을 잠시 정지시킨 다음 상박 대동맥을 교체해야 한다는 사실을 어떻게 말로 꺼낼 수 있을까. 간신히 울먹임을 참고 입을 굳게 다물었다.

"…밥은 먹었어?"

그 말을 듣는 순간 터져 나오는 울음을 막느라 입술을 깨물었다. "지금 엄마가 죽게 생겼는데 그게 지금 뭐가 중요해요…" 말을 잇지 못하고 곧장 화장실로 뛰었다. 깊은 수심에서부터 몰려오는 감정의 일렁임은 엄마의 말 한마디로 요동쳤다. 결국 굳게 틀어막고 있던 둑이 와르르 무너졌다. 참아왔던 울음을 쏟아냈다. 살면서 그렇게 서럽게 펑펑 운 적이 있을까. 생사의 문턱을 넘나드는 당신의 목숨보다도 못난 아들내미의 뱃속에 안녕이 더 궁금한 게 엄마였다. 마음을 다독이고 문 밖을 나와 아버지와 형, 가까운 친인척들에게 연락을 돌렸다. 그 길로 엄마는 수술대에 올랐고 뜬 눈으로 밤을 새웠다. 평소 먼 친척보다 가까운 이웃에게 덕을 베풀라는 소신으로 살아오신 덕일까. 지옥 같던 밤이 지나고 엄마는 무사히 수술을 마쳤다. 또다시 보호자로서 수술 결과와 향후 치료과정, 후유증에 대해 설명을 들었고 나는 몇 번이고 깊은 감사를 표했다.

중환자실에서 3일간에 회복기를 가지고 나서야 엄마를 볼 수 있었다. 온몸엔 관이 꽂혀있고 알 수 없는 기기들과 연결돼 있다. 우리가 온 것을 알아챈 것일까 실눈을 뜨곤 온 힘을 쥐어짜 내 말했다.

"…밥은 먹었어?"

터져 나오는 울음을 참을 수 없었다. 또다시 화장실로 뛰어가 펑펑 울었다. '어떤 일이 있어도 내가 끝까지 엄마를 돌볼 거다' 그날 나는 그렇게 다짐했다. 일주일 뒤 엄마는 회복실에서 일반병실로 옮겼다. 한 달간의 간병생활을 위해 한 학기를 포기했고 졸업은 1년이 미뤄졌다.

엄마는 매일 새벽 두 시간마다 한 번씩 잠에서 깨어나 소변을 봤다. 몸에는 양쪽에 두 군데씩 총 네 군데에 관이 삽입돼 있었고 알 수 없는 기계장치들이 함께 했지만 그것을 인지하지 못하고 매 새벽을 뛰쳐나갔다. 나는 촉각을 곤두세우고 엄마보다 빨리 일어나야만 했다. 기척이 들리면 재빨리 일어나 부축을 하고 관이 뽑히거나 다치지 않도록 기기들 챙겨 함께 끌고 나와 엄마를 화장실로 데려갔다. 소변량 체크를 위해 변기에 계량통을 깔고 바지를 벗겨 소변을 도왔다.

옷을 입히고 침상에 눕힌 다음 다시 화장실로 돌아가 소변량을 기록하고 나서야 자리에 누웠다. 부족한 수면량에 날이 갈수록 지쳤다. 낮에는 수술 후 일시적 치매 증상인 '섬망'으로 아기가 된 엄마의 욕설을 버티며 꿋꿋이 자리를 지켜야 했다. 어떻게든 엄마를 보호해야 한다는 그날의 다짐이 아니었다면 버티기 힘들었을 거다. 하지만 이주일이 지나고 나니 내 정신상태도 피폐해졌다.

매일을 잠도 못 자고 돌본 게 누군데 어떻게 나한테 이럴 수 있을까. 너무나 서운한 마음에 차마 자리를 떠나진 못하고 등을 돌아누웠다. 굳은 얼굴이 펴지지 않았다. 여전히 화장실을 갈 때면 욕을 먹더라도 거들어야 했다. 나는 우리 가족 중에 아무것도 아니었을까. 왜 나만 이러고 있어야 할까. 온갖 잡념과 후회가 밀려왔다. 너무나 고통스럽고 화가 났다. 다 내려놓고 싶다는 마음을 가질 때쯤 문득 그런 생각이 들었다. '지난 30년 동안 나는 부모님 가슴에 셀 수 없는 대못을 박아왔는데 고작 한 달, 조금 고생한 것 가지고 욕받이 된 게 뭐가 대수냐', '나는 화를 낼 자격이 없다', '그동안 부모님이 나에게 주신 헌신에 비하면 지금 이 순간은 아무것도 아니다' 그 시절을 보내고 나서야 나는 헌신에 대한 정의와 깊이를 더듬을 수 있었다.

타인이 나에게 어떠한 마음에 경계를 세우지 않고 완전히 무장해제한 채로 날 반겨주는 것이 얼마나 위대한 일인지 생각했다. 특히 그것이 부모님이 아니라 피 한 방울 안 섞인 다른 이에게서 받았다면 그것은 사랑의 존재를 목격한 것이다. 당시 나는 지수와 헤어진 지 일 년이 넘었고 어머니를 간호하고 나서야 지수의 사랑을 알아챘다.

연애시절, 약속 장소에서 만날 때면 지수는 어김없이 포옹으로 인사했다. 연애할 돈이 없어서 만나기 부담스럽다고 고백했을 때 지수는 도시락을 싸왔다. 지수는 허약했지만 매일 4~5km를 나와 함께 걸으며 배고픈 연애를 했다. 나는 지수가 줄 수 있는 모든 것을 받았었다. 그 후로 기적처럼 다시 만나 연애를 시작했고 결혼을 했다. 우리는 지금 코네마라 루프를 걷고 있다.

지수가 뒤를 돌아 나를 바라봤다. 옅은 미소가 보인다. 우리 사이에는 미소만 오고 갔지만 그 공백에서 나는 사랑을 느꼈다. 잠들기 전 갑자기 떠오른 옛날 일로 예상치 못한 화를 낼 때도, 힘들다고 하소연할 때도 사랑을 발견했다. 코네마라 루프 위, 나는 그곳에서 사랑의 존재를 확인하고 다시 한번 헌신에 대해 생각했다.

Meenaduff

29.4. - 4.5.2022
p.216 - 243

삶의 소중함을 배운 미나더프

코네마라를 떠나 사실상 마지막 여행지 미나더프로 향했다. 이번에는 북서쪽 끝, 차로 4시간 30분을 달려 보다 더 자연과 가까이 깊숙한 곳으로 들어갔다. 장거리 운전의 피로를 풀기 위해 휴식 겸 중간지점인 페어리 브릿지에서 잠시 쉬었다가 다시 먼 길을 재촉했다. 골짜기를 넘어 깊은 산속 작은 마을, 아니 마을이라기보단 산 언저리에 듬성듬성 집들이 빼꼼히 자리 잡은 촌락에 가까운 작은 동네 미나더프에 도착했다.

완만한 U자형 계곡 복부에는 사람 수 보다 많은 양떼들이 너른 초원 위에 풀을 뜯고 있다. 어쩌면 이 동네의 실질적 지배종은 양이고 인간은 그저 생의 유지를 위해 그들을 공양하고 있는 것은 아닐까 기묘한 느낌마저 든다.

숙소는 산 중턱에 짚으로 지붕을 얹은 아름다운 아일랜드의 전통가옥을 안내받았다. 둘이 보내기엔 지나치게 넓었지만 오래된 가구들과 잘 갖춰진 주방 그리고 무엇보다 피트를 연료로 떼는 벽난로가 특히 맘에 들었다.

머무는 내내 비가 세차게 내렸다. 낮에는 주로 시내에 나가 장을 보고 돌아와 밥을 지어먹고 밤이 되면 기온이 뚝 떨어져 몸을 웅크리고 벽난로 앞에 앉아 피트를 한 움큼 태워 타들어가는 불꽃을 보며 시간을 보냈다. 돌이켜보니 겨울에 시작한 이 여행은 봄도 여름도 아닌 모호한 계절을 지나 여행 끝무렵에 와서는 다시 겨울 끝자락에 놓인 것만 같다. 방향성을 잃고 일상을 도망치듯 떠나 새로운 삶을 탐색하고 있는 지금의 처지와 이 여행이 너무나 닮아있었던 것이다.

우리는 어떤 계절을 찾아 떠나왔고 이 여행이 끝나면 어떤 삶의 궤적을 그려나갈 수 있을까. 미나더프의 밤은 계절의 감각을 상실하고 갈피를 잡지 못하는 발걸음을 겨울과 봄 사이 문턱에 멈춰 세웠고 다시 한번 우리가 어디에서 왔고 어떻게 가야 할지 물음을 던졌다.

삶의 결이 변하기 시작한 시점을 어디쯤에 찍어야 할까? 추상적으로는 긴 여행을 꿈꿨던 갓 서른때부터겠지만 조금 더 가깝고 명확히는 퇴사 이후의 생활에 전환점을 찍고 싶다. 분에 넘치는 고등교육을 받고 운 좋게도 능력 밖의 직장생활을 했다. 그 어렵다던 평범한 삶을 살아봤다. 그 굴레에서 벗어나 긴 여행의 꿈이 실현되기 전까지 몇 개월간의 일상생활을 떠올렸다.
언제부터인가 퇴사는 자유를 갈망하는 상징적인 단어로 자리 잡았다. 삶을 지배하는 직장생활로부터 탈출하는 것이 하나의 콘텐츠로 만들어지고 유행처럼 번져갔다. 퇴사는 많은 사람들에게 꿈의 단어가 되었다. 나 역시 지금의 전환점을 퇴사 이후의 삶에서부터 사고하고 있다. 이 틀로부터 자유롭진 못한 수많은 보통사람 중 하나다. 그렇다고 삶의 방식까지 틀에 갇히고 싶지 않았다. 퇴사로 인한 자유가 아닌 주체적 활동에 의한 자유로운 생활을 원한다.

제일 먼저 평소처럼 6시에 일어나 출근 준비시간을 명상과 필사로 대체했다. 커피를 내리고 과일을 깎고 빵을 구워 지수와 소박한 아침을 맞이한다. 오전에 청소와 빨래를 하고 나면 시간이 훌쩍 지나 어느새 점심 먹을 때가 된다. 삼시 세끼 밥을 짓고 설거지를 하고 나면 하루가 금방 간다. 직장을 다닐 때는 이 모든 것들을 어떻게 외면하고 살았을까? 어쩌면 사회에 틈바구니에서 너무 버둥거리며 살아온 게 아닐까 싶다. 지수와 차를 마시며 곰곰이 생각해 보니 그동안 집을 소홀히 여기고 몸과 마음을 제대로 돌보지 못했다는 것을 깨달았다.

퇴사 이후의 삶은 단순히 탈제도, 해방, 일탈, 자유의 상징 같은 프레임에서 벗어나 일상의 소중함을 다시 한번 되돌아볼 수 있는 기회가 되었다.

그렇게 경쟁사회의 압박을 벗어나 떠나온 여행은 도피처가 될 수 없었다. 예측할 수 없는 간섭은 어디에나 있었고 여행은 늘 불안정했다. 우리들의 매 하루는 언제든지 쉽게 다쳤고 그만큼 소중했다. 그럼에도 꿋꿋이 나아가 이곳 아일랜드 최북단 미나더프 외딴집에 왔다.
돌이켜보면 행복은 순간에 머무는 것이었다. 과거에 예치할 수 없고 미래가 보장할 수도 없었다. 오직 한결같이 앞으로 나아가다 잠깐 멈춰 서서 지금 내가 이곳에 두발을 딛고 서 있음을 느낄 때 행복은 다가왔다.

셀 수 없는 저항에 맞서 한결같은 일상을 지켜가는 건 진심으로 대단한 일이었다. 피트광부는 비바람이 몰아쳐도 미나더프 집 곳곳을 다니며 연료창고에 피트를 채워 넣었다. 딩글주민들은 자본주의에 젖지 않고 바다를 가꿔 간다. 그라쎄 숙소에서 만난 가족들의 화목함도 그들의 흐트러짐 없는 부지런함 덕분이었고 과거 중학교 동창 친구의 꿈을 향한 끈질김 또한 그랬다. 베를린 과일가게처럼 자신만의 가치를 오랫동안 지켜오는 모든 것들을 위대하다고 말해도 괜찮을 것 같다.

다시 지금의 우리를 돌아봤다. 이 여행은 삶과 분리되지 않았다. 일상의 연장선을 이어서 다양한 사람들의 살아가는 방식을 보면서 여기까지 왔다. 모든 것들이 방안에만 있으면 평생 몰랐을 수많은 감정과 자극이었다. 그 안에 몸을 맡겨 스스로를 돌보고 사랑하는 법을 배워가고 있다.

미나더프의 평온한 시간은 계절의 문턱에 놓인 우리에게 커다란 가르침으로 다가왔다.

'우리의 삶은 너무나 소중하고 다치기 쉬우니까
늘 가꾸고 돌보며 살아야 해'

장엄한 대지, 번글래스

아일랜드 최북서쪽 도니골 지방 작은 동네인 미나더프에 온 계기는 단 한 가지 이유다. 여행 시작 전, 구글지도를 보다가 거대한 해안 암석 지형인 번글래스를 발견했고 반드시 가보고 싶다는 호기심이 발동했다. 지구 반대편 10,000km를 넘어 섬나라, 그것도 모자라 그중에서 가장 외진 이곳까지 단순한 호기심에 끌려 올 수 있을 거라고는 상상조차 못 했는데, 지금 그곳에 발을 딛기까지 1km도 남겨두지 않고 있다.

낮고 진하게 깔린 먹구름과 온종일 내리는 비로 인해 번글래스로 가는 길녘 살몬리프(Salmon leap)에는 쏟아지는 계곡물이 천둥처럼 부서져 흐른다. 매일을 이곳 푸드트럭의 커피 한 잔으로 하루를 시작했다. 오늘은 날씨가 좋지 않았지만 그 땅이 어떻게 생겼는지 두 눈으로 봐야만 마음이 편할 것 같다.

부푼 기대를 안고 해안절벽 외곽을 따라 올라 입구에 도착한 순간 여기가 어딘지 분간할 수 없을 만큼 한 치 앞도 보이지 않는 짙은 안개가 무겁게 깔렸다. 내리는 빗줄기에 안경은 더 이상 제 역할을 하지 못했다. 쓰나 벗으나 어차피 안 보이는 건 마찬가지. 안경을 접어 넣고 오랜만에 얼굴을 해방시켰다. 오직 보이는 것은 눈앞에 풀밭과 비에 젖은 양 몇 마리, 그리고 흐릿하게 보이는 사람들의 실루엣뿐이었다. 모든 것이 신비로워 보였다.

한참을 올라 뷰포인트에 도착했을 때도 여전히 안개는 짙고 낮게 깔렸다. 눈앞에 바다가 있는지 절벽이 있는지 도무지 보이지가 않았다. 세찬 바람에 안개가 조금이라도 걷히길 기대했지만 안개는 조금도 물러설 생각이 없어 보인다. 우리의 첫 번째 번글래스는 신비로운 분위기만 남긴 채 돌아갈 수밖에 없었다.

비가 그치고 먹구름이 개인 날, 날씨는 조금 흐렸지만 하늘은 분명히 높아졌다. 이 번에는 볼 수 있겠지. 부푼 기대를 안고 다시 한번 해안길을 올랐다. 이 전과는 분명히 다른 넓은 시야가 펼쳐졌다. 다시 걸은 길 바로 옆은 놀랍게도 족히 100~300m 높이의 절벽에 대서양이 바로 앞에 있는 듯 웅장하게 일렁이고 있었다. 여기가 우리가 걸었던 그 길이 맞을까? 가슴이 두근거렸다. 믿기지 않는 심정을 안고 발걸음을 서둘렀다.

드디어 번글래스를 마주했다. 크기를 가늠할 수 없는 아득한 해안절벽이 우리 눈앞에서 장엄한 자태를 드러냈다. 그 압도적인 자연의 힘 앞에 무력한 외마디 탄성을 내지를 수밖에 없었다. 저 멀리 절벽 마루 끝자락에 개미처럼 보이는 점들은 미약한 존재의 사람들이었다. 감당할 수 없는 대자연을 마주했을 때 어찌할 바를 모르는 이 무력한 감정이 경외감이라는 것을 여기에 와서야 정의를 내려본다.

단순한 호기심에 이끌려 먼 길을 떠나와 여행의 최종 목적지에 두 발로 섰을 때 비로소 이 여행에 정점을 찍었다고 느꼈다. 형언할 수 없는 벅찬 감정들이 밀려 들어온다. 누구 하나 의지하지 않고 오로지 두 사람의 힘으로 여기까지 왔다.

지금껏 수없이 교차했던 감정들은 이 땅에 서기 위한 댓가였을지도 모른다. 나는 여기에 있을 자격이 있다. 여행에서 느꼈던 기쁘고 슬픈 감정들 모두다 내 거다.

이제 다시 돌아갈 날이 얼마 남지 않았다. 그동안에 여정을 차례대로 떠올리며 오늘의 감정까지 이어서 내 마음속에 깊게 새겼다. 남은 여정도 무사히 마무리 짓고 다시 일상으로 돌아갈 마음의 준비를 하자.

비 내리는 고요한 해변 마그헤라 비치

더블린으로 돌아가는 날 비는 부슬부슬 내렸다. 떠나기 내심 아쉬운 마음에 쉽게 발이 떨어지지 않았다. 집으로 가는 길을 조금이라도 멀리 돌아서 나왔다. 마그헤라 비치에 마지막으로 미련을 남기자.

오솔길을 따라 한참을 들어갔다. 폭포와 마을을 지나 낮게 솟은 모래사구가 넓게 펼쳐졌다. 둔덕을 넘어 오르니 사람 한 명 보이지 않는 고요한 해변이 나타났다.
내리는 비를 맞으며 해안선을 따라 걸었다. 지난 여정들을 차례로 세알리니 괜스레 미소가 지어진다. 수많은 인생의 선택지 중 하나를 택해 이곳에 서있다. 안전하고 평범했던 일상을 완전히 뒤집었다. 불확실성에 몸을 맡겼고 그 보상으로 더 없을 감정의 스펙트럼을 얻었다. 무수한 가능성을 가진 우리의 모습들 가운데 여행자를 상상하고 실현한 결과다.

비는 여전히 부슬부슬 내리고 파도소리 외에 모든 것은 잠잠하다.

바람에 흔들리는 사초들은 어쩐지 쓸쓸해 보였지만 그 풀숲 틈 사이 작은 양이 있어서 위로가 된다. 이제야 홀가분한 마음으로 돌아섰다.

Dublin

4.5. - 7.5.2022
p.244 - 250

다시 한번, 달키

더블린을 향해 가는 길, 척박한 피트 지대를 벗어나 유채꽃이 핀 노란 들판 사이를 달렸다. 어느 순간부터 교통 신호가 조금 바뀐듯한 위화감이 든다. 양보 표지판 용어가 'Yield'에서 'Give way'로 바뀌었다. '길을 내주라니 재밌는 표현이네' 무심한 듯 지나쳤다. 문득 여기가 영국 땅은 아닐까? 지도를 열었다. 그제야 북아일랜드, 영국 땅에 들어왔다는 것을 알아챘다.

아일랜드와 북아일랜드 경계지점, 물결처럼 일렁이는 듯한 형상의 습지대에 있는 작은 성, 내셔널트러스트가 운영하는 크롬에 잠시 들렀다 가기로 했다. 내셔널트러스트는 국립공원, 대저택, 성 등 보존가치가 높은 문화유산, 자연환경을 보존하고 지키기 위해 설립된 재단이다. 시민들의 자발적인 모금, 기부, 증여를 통해 자원을 영구히 소유, 확보하고 관리하고 있다.

푸른 초원이 넓게 펼쳐지고 잔잔히 흐르는 강물과 무너진 성터 그리고 잘 가꿔진 커다란 나무들을 보니 마음이 편안해졌다. 학업을 뗀 지 10년이 지났는데 교과서에서만 보던 전형적인 영국식 목가적 풍경(Picturesque)을 이제야 직접 두 눈으로 목격했다.
모처럼 만나는 따수운 햇살과 파릇파릇한 풍경을 보고 나니 이른 봄, 눈 녹은 땅에 새순이 올라온 것처럼 우리 마음도 다시 한번 기운이 돋아났다.

더블린으로 돌아왔다. 편안하게 쉴 겸 더블린 외곽 작은 도시, 영화 원스와 싱스트리트 촬영지였던 달키를 찾았다. 주차 티켓부스에 카드 결제가 안된다. 동전도 다 썼는데. 허둥대던 우리에게 한 노부부가 선물이라며 선뜻 대신 티켓을 끊어주셨다. 끝까지 친절한 아이리쉬 사람들.

정겹고 잘 가꿔진 거리와 두 개의 집이 맞닿은 대칭형 주택들이 인상적이다. 바다는 아직 차갑지만 강인한 켈트족의 후예들에겐 수영을 못 할 이유가 되지 않았다.

귀국에 문제가 생겼다. 수시로 바뀌는 코로나 방역지침을 너무 안이하게 생각했다. 떠나기 전날 밤에야 대한민국 입국 지침이 바뀌어 코로나 완치 유효기간이 만료된 것을 알았다. 현지 PCR 음성 확인서가 없으면 집에 돌아갈 수 없게 돼버렸다. 수만 가지 시나리오를 돌렸다. 나의 결론은 어차피 늦은 거 여행 더 한다 생각하고 다음 비행기표를 알아보자. 지수의 생각은 달랐다. 심장소리가 옆에서도 들렸다. 더블린 시내에 모든 PCR 검사소를 뒤지더니 딱 한 곳, 4시간 이내 신속 PCR 검사소를 찾았다. 다급하게 예약을 진행했지만 지수는 예약성공, 나는 실패했다. 이미 다음 여행을 생각한 나는 될 대로 되라라는 심정으로 푹잤다. 지수는 밤을 설친 것 같다.
귀국 당일 아침, 검사소 문이 열리자마자 다급함을 호소했다. 다행히 오후에 예약된 지수의 검사를 오전으로 앞당겼다. 문제는 나였다. 담당자는 권한 밖이라며 이메일로 본사에 요청해보라 했다.

그 말을 듣고 열심히 키패드를 두드렸고 지수는 기다릴 수 없었다. 우리의 간절함을 다시 한번 호소했다. 담당자는 잠깐 생각하더니 융통성을 발휘했다. 다른 날짜 예약을 하면 지금 검사해 주겠단다. 신이 여기에 있었다. 검사를 마치고 압도적 감사를 올렸다.
4시간을 남겨놓고 음성 확인서를 받았다. 이제야 안심이 된다. 지수의 간절함이 없었다면 성립될 수 없었다.

남은 시간 동안 도시를 걸으며 도시 곳곳을 눈에 담고 되새겼다. 길에는 악사들이 버스킹을 하고 있다. 인파 속에 주목을 끄는 관객이 나타났다. 어긋난 리듬, 의미 없는 몸짓, 알 수 없는 표정... 그의 춤사위는 무엇 하나도 음악과 맞지 않았다. 하지만 그를 조롱할 수 없었다. 그의 감정은 순수히 자신의 것임을 말하고 있다. 주위 사람들도 그가 무얼 하든 상관하지 않는다. 각자의 관심에 집중할 뿐이다. 거대한 땅 위에서 자란 사람들의 너른 마음을 알 것 같았다.

딩글, 클리프던, 미나더프에서 만났던 아일랜드 사람들의 구수한 억양과 유쾌함, 다정했던 모습들이 벌써 그립다. 그리고 상상조차 할 수 없었던 커다랗고 커다란 대지는 절대 잊지 못할 거다. 힘겹게 비행기에 몸을 실었다. 장대했던 여정이 드디어 끝났다. 두 계절의 문턱을 넘는 동안 셀 수 없이 많은 감정과 추억을 새기고 돌아간다. 힘들고 우울했던 기억, 평화롭고 행복했던 기억들을 가득 엮어 마침내 계절문턱 여행을 매듭짓는다.

Epilogue

겨울에서 봄, 베를린에서 아일랜드까지

2022년 2월 중순, 눈 녹기도 전에 도망치듯 떠나온 여행은 새순이 돋아나고서야 끝이 났다. 베를린에서 아일랜드까지 여섯 나라, 열여섯 개의 도시를 지나 여든세 차례의 일기와 만여 장의 사진으로 여행은 기록됐다. 끝이 보이지 않았던 석 달 간에 긴 여정은 어느새 마침표를 찍었고 집으로 향하는 비행기에 지친 몸을 실었다.

겨울에서 봄, 뒤 섞인 두 계절 사이를 표류했다. 떠나오는 동안 수많은 감정들이 교차했다. 벅차오르는 감정, 스스로를 보듬는 마음, 때로는 나 자신을 괴롭히던 지친 마음까지. 그 모든 것들이 더없을 기쁨으로 다가왔다. 그렇게 새겨진 흔적들은 장대한 파노라마가 되어 하나로 이어졌다.

베를린에서 움츠러든 몸과 가라앉은 감정을 어쩔 줄 몰라 힘겨웠던 기억들이 아직도 선명하다. 눈 내리는 프라하의 대초원에서 보낸 시간은 조금 우울해도 괜찮다며 여행이 마냥 즐거울 순 없다고 위안이 됐다. 덕분에 끝이 보이지 않던 이 여행을 완주할 수 있었다. 알프스를 넘어서 베네치아의 수로와 골목길을 따라 빨래들 사이를 다니고 나서야 허리를 곧게 세우고 주변을 돌아볼 마음의 여유를 찾았다. 토스카나 지방의 따사로운 햇살 아래 올리브 숲길을 따라서 얼어붙었던 감정들이 눈 녹듯 풀렸다. 프로방스 지방을 누비며 타오르는 하늘을 등지고 거센 바람을 맞섰을 때 두 발로 당당히 설 수 있었다. 비로소 우리 앞에 놓인 여정을 온전히 받아들이고 여행자의 마음을 갖췄다. 아일랜드의 가늠할 수 없던 아득하고 거대한 대지 안에서 작디작은 우리 존재를 발견하고 벅차오르는 감정과 경외감 가득한 여행을 했다. 양 떼 초원 사이에 덩그러니 놓인 집에서 밥을 지어먹고 벽난로 앞에서 불을 땔 때 일상의 소중함을 깨달았다. 우리의 삶은 너무나 소중하고 다치기 쉬우니까 늘 보살피고 가꿔가야 한다. 돌아오는 날 더블린의 춤추던 아저씨가 아직도 아른하다. 중학교 동창 W의 가르침 덕분에 그를 존중할 수 있었다. 우리는 더디지만 부지런히 성장하는 존재다. 10년 전 베를린의 버스킹 기타 연주자로 시작된 여행의 시선은 더블린의 춤추는 관객에게 돌리며 끝맺었다.

집으로 돌아오는 길, 잠깐 머물렀던 헬싱키에서 또다시 혹독한 추위를 맞이하니 베를린에서 지냈던 시간들이 떠오른다. 겨울과 봄 사이, 여행의 시작과 끝이 겨울로 맞닿아있는 것이 어쩐지 조금은 슬프기도 하고 반갑기도 하다. 다만 이 추위가 몸을 움츠러들게 하더라도 마음은 보다 더 세심하고 넉넉해져 지금의 순간을 웃으면서 받아들였다. 일상의 궤도를 이탈하고 싶어 떠난 여행이었는데, 이 계절과 여행은 서로 닮아있었다. 어쩌면 새 봄을 맞이하기 위한 경계를 여행했을지도 모르겠다. 그런 생각이 들었다. 우리는 계절의 문턱을 여행했다.

다시 일상으로 돌아왔다. 늘 같은 시간에 일어나 운동을 하고 집을 돌보며 하루를 시작한다. 낮잠을 자고 일어나 지난 여행을 기록한 일기와 사진을 정리해서 문장으로 완성하는 작업을 거쳤다. 매일같이 부족한 필력과 에너지의 한계를 느끼지만 처음으로 하고 싶은 것들로 하루를 채우고 있다. 일상의 행복은 별개 아니었다.

문턱의 가장자리에 서있다. 뒤를 돌아보니 표류하던 삶의 궤도는 문턱을 지나 하나의 획을 그었다. 이제 문을 넘어 선을 이어간다. 가본 적 없는 길을 향해 한 발 앞으로 나섰다. 우리의 걸음은 새로운 삶의 궤적을 그려 간다.

VR

Liminal Travel
계 절 문 턱 여 행

1판 1쇄 발행 2023년 2월 14일

지은이 김우람 (@nomadhaus)

동행인 박지수 (@sooxoops)

기획/사진/글 김우람

도움주신 분들 정욱재 (Musician : TUNE, NO REPLY)

김영남 (@polepole_hola)

교정/편집 김우람 유별리

마케팅 박가영 **총괄** 신선미

펴낸곳 (주)하움출판사 **펴낸이** 문현광

이메일 haum1000@naver.com **홈페이지** haum.kr

블로그 blog.naver.com/haum1007 **인스타** @haum1007

ISBN 979-11-6440-282-3 (03980)

좋은 책을 만들겠습니다.
하움출판사는 독자 여러분의 의견에 항상 귀 기울이고 있습니다.
파본은 구입처에서 교환해 드립니다.